U0176366

计算机教学与网络安全研究

潘 力 著

天津出版传媒集团

天津科学技术出版社

图书在版编目（ＣＩＰ）数据

计算机教学与网络安全研究 / 潘力著. -- 天津：天津科学技术出版社，2020.7

ISBN 978-7-5576-8642-0

Ⅰ. ①计… Ⅱ. ①潘… Ⅲ. ①电子计算机－教学研究 ②计算机网络－网络安全－研究 Ⅳ. ①TP3

中国版本图书馆 CIP 数据核字(2020)第 157209 号

计算机教学与网络安全研究

JISUANJI JIAOXUE YU WANGLUO ANQUAN YANJIU

责任编辑： 陶 雨

出版： 天津出版传媒集团
天津科学技术出版社

地址：天津市西康路 35 号

邮编：300051

电话：（022）23332400

网址：www.tjkjcbs.com.cn

发行：新华书店经销

印刷：北京宝莲鸿图科技有限公司

开本 787×1092 1/16 印张 11 字数 250 000

2021 年 4 月第 1 版第 1 次印刷

定价：68.00 元

前　言

随着信息时代的来临，需要大量的计算机技术人才来满足社会发展的需求。对于计算机产业发展来说，人才的缺失已经成为了影响计算机产业发展的重要因素。面对当前的社会发展形势，计算机教育过程中所存在的不足已经被凸显了出来，计算机教学的改革势在必行。

随着计算机和网络的飞速发展，网络已经涉及到国家、政府、军事、文献等诸多领域，网络安全问题在人们生产生活中占有很重要的地位。因此，在这个网络时代，加强网络的安全保障显得越来越重要。从计算机网络安全与管理出发，分析了计算机网络、网络安全、管理防范、安全存在的问题等，简单的做了一些介绍。

当前随着计算机的迅猛发展为现代化建设提供了一定的技术保障。并且网络技术发展的日益普及，给我们带来了巨大的经济效益。但是，网络的发展也带来了一系列的安全隐患和威胁，导致了一些新的安全问题和社会不稳定因素。计算机网络安全面临着众多的威胁，如黑客攻击，病毒，后门等，使得人们的安全降低，严重威胁着人们的生活财产等的安全，所以网络的安全与管理刻不容缓。

本书主要针对计算机人才的培养情况以及计算机的网络安全管理，并根据其中存在的问题提出了深化改革的建议，希望能够为提高计算机教学的效率有一定的帮助。

目 录

第一章　计算机辅助教学概述

21世纪的特征之一是知识经济时代的到来。在知识经济时代中，以计算机和网络为核心的信息产业又是推动经济发展的关键产业。这是因为在当今世界高科技领域，计算机技术和网络技术是发展最快的技术之一。当前，巨型计算机的运算速度可达每秒数万亿次。高档次的微型计算机的运算速度也可达几十亿次，内存容童可达数百兆。现在微型计算机的这两大性能指标已能与十多年前的大型计算机相媲美，但前者的价格仅是后者价格的千分之一。

近几年多媒体技术的发展，又一改过去计算机单调的面孔，将文字、图形、图像、声音、动画诸多功能融于一体。计算机不再仅仅只发挥其计算功能，在管理、教育、科技、生产甚至娱乐方面计算机也大显身手。因特网（internet）将全世界数亿台计算机联系在一起，人们利用因特网更快地获取信息，交流信息，大大地提高了工作效率。

随着计算机及相关技术的发展，计算机在教育领域中的作用与地位也不断加强。信息社会的发展要求学校培养的人才必须适应社会的需要。现在，在各级各类学校，不仅教授学生尽快掌握使用计算机的方法，而且也越来越注意到利用计算机进行教育管理并协助教师进行教学。

计算机辅助教育（Computer Based Education）（简称CBE）是一门新兴的教育技术，所研究的内容就是怎样把先进的计算机技术用于教育。CBE主要分为两大部分：计算机辅助教学（Computer Assisted Instruction）（简称CAI）和计算机管理教学（Computer Managed Instruction）（简称CMI）。

计算机辅助教学可以简单地说就是利用计算机帮助教师进行教学，帮助学生进行学习。

计算机管理教学主要是利用计算机进行教学管理，如学生成绩管理、课表编排、试卷生成、学习质量分析等。而当前我们谈CAI时，往往隐含有CMI的成分与因素。本章主要讲述CAI及CAI课件（Courseware）有关问题。

第一节　计算机辅助教学的意义与发展现状

一、计算机辅助教学的意义

计算机辅助教学是教师将计算机作为教学工具，为学生提供一个学习环境，学生通过与计算机的交互对话进行学习的一种教学形式。在我国，目前教学的基本形式是班级教学、大班上课，基本的教学手段和工具是口授、粉笔、黑板、文字、教科书等。五六十年代流行的教学模型、挂图及前些年电视、录音、录像、投影的运用都给课堂教学带来很大的影响和可喜的变化，它们是教学内容、教学方法改革的一个重要组成部分，但它们都不能与计算机对教学的影响相比。当今世界已进入信息时代，计算机技术、通信技术、多媒体技术、人工智能等现代化信息技术的发展，使得现代教育技术和手段有了长足进步。

从一些利用现代化教育手段进行教学的先进单位的经验来看，现代化教育手段的应用有力地推动了传统教育观念、教育结构、教学内容和教学方法的改革。近几年出现的多媒体计算机将计算机与传统的电教设备功能融为一体，不仅能演示、播放音像、动画，而且具有交互功能，能很好地实行个别化教学，是理想的现代化教学设备。

教育是人们获取知识信息的最重要的手段之一。但现代教育学的实践证明：学生在获取知识时仅依靠听觉，那么三小时后能保持 70%，三天后就仅能保持 10%；若仅依靠视觉，则三小时后能保持 72%，三天后可保持 20%；如果综合依靠视觉和听觉，则三小时后可保持 85%，三天后仍可保持信息童的 65%。显然，综合应用多种信息媒体，可极大地提高教学效果。

多媒体技术集文字、图表、声音、图形、图像、动画于一体，可以传递丰富的知识信息。这种生动、形象地传递知识的方式，能够激发学生的兴趣和注意力。使学生加快理解和接受知识信息，有助于学生的联想和推理等思维活动。对于培养学生的解决问题的能力和创造能力有着重要作用。根据一些实验测试结果显示：在相等学习时间内，利用多媒体的教学手段，可使学生获取课程 85% 的知识，而采用传统的教学方法和手段仅能获取课程 60% 的知识。

由于计算机具有存储、处理信息和自动工作等功能，不仅能呈现教学信息，而且还能接收学生的回答并进行判断，从而能对学生进行学习指导。因此，在利用计算机进行学习时，能够使学生有多种控制，如选择学习内容和进度；根据学生的学习情况，选择不同的学习路径，实现因材施教。利用计算机进行辅助教学，能够帮助教师提高教学效果、扩大教学范围、延伸教师的教育功能。

我国国民经济快速增长必须要振兴科技与教育已成为大家的共识，教育手段必须要现代化也日益深入人心。随着我国综合国力的不断增强，以多媒体计算机为中心的现代化教育手段的运用必将在我国的教育事业中发挥越来越重要的作用。

二、计算机辅助教学的发展现状

计算机辅助教学从五十年代末开始起步，至今已有四十多年的历史。这些年来，CAI 随着计算机技术的发展而发展。荷兰的杰夫摩恩教授在综合了 CAI 的发展趋势后，提出了 CAI 发展阶段矩阵。根据摩恩教授的分析，国外一般是从（A,1）开始，即在教学软件中，使学生学习知识的技能逐步按行演进。目前已处于 B 行或 C 行，少数国家和地区甚至处于 D 行。例如美国的 PLATO 计算机辅助教学系统，以多台大型计算机为中心，经数据通信网络与数万个计算机终端相连，这些终端分布在几百个地区，遍及美国的主要城市及一些国外城市。仅在伊里诺斯乌班那校园内就设有 S00 个终端，供师生随时使用。在这个计算机系统的存储设备中存有 150 个专业 7000 课时以上的教材，全年能提供 1000 万人学时的教学能力，相当于有 24000 名学生的四年制学院的一年的总学时数。

近几年因特网（internet）的兴起，进一步扩充了计算机辅助教学的功能。当前世界首富，美国微软公司总裁比尔盖茨在"未来之路"中谈到：新泽西州尤尼市克里斯托福哥伦布中学在 80 年代后期，是这个区全州考试成绩最差、旷课退学率最高的中学，当时的州政府打算接管它。学校老师和家长在大西洋贝尔公司（当地的一家电话公司）的帮助下，建立了一个多媒体计算机网，连接到因特网上，使用个人计算机进行计算机辅助教学。教师们又为家长开设周末培训班，家长积极参与，在家使用个人计算机，使得学生退学率和旷课率几乎降到零。在新泽西州学校标准考试中，学生们的成绩比平均成绩还高。

我国 CAI 起步较晚，多数 CAI 课件的内容只是作为课堂教学的补充和练习。但随着我国的综合国力不断增强，计算机应用和开发水平的不断提高，CAI 发展前景十分良好。

第二节　计算机辅助教学的类型与应用模式

一、计算机辅助教学的类型

CAI 教学软件分为两大类，一类是用于课堂辅助教学用的演示型课件，另一类是适合个别学习的系统课件。

（一）演示型课件

演示型课件主要是为了解决某一学科的教学重点、教学难点而开发的。如在中学数学教学中，当讲解一些初等函数的特性时，利用计算机演示函数参数的变化引起函数图像的变化就可以收到良好的教学效果。如讲解二次函数参数 3 的变化，决定了 $y = ax^2 + bx + c$ 函数图像的开口方向与开口大小。正弦函数 $y = A\sin(\omega t + \varphi)$ 的振幅 A、频率 ω、初相 φ 的变化而引起函数图像的变化。平面解析几何中各种参数对二次曲线形状的影响，摆线的生成等都可以使用计算机动画形象、生动地演示出来。空间解析几何中二次曲面的各种形状、重积分与曲面积分应用中的各种特殊曲面立体的形体都可以利用计算机三维动画进行演示。物理教学中的物体的运动状态，化学教学中的化学反应过程都可以利用计算机模拟。这既帮助教师解决了课堂教学中难以描述的问题，又吸引了学生的注意力；既提高了学生的学习兴趣又有助于培养学生的观察、思考、想象能力。

（二）系统课件

系统课件的基本特点是：①交互性：学生与计算机之间的双向交流。②别化：根据每个学生的不同特点与需要进行。③ M 学生的学习兴趣与学习主动性。

在一个大的计算机辅助教学系统中，通常存储着多种科目的课件。而每个科目又按内容以不同的章、节进行组织，因而可以向学生提供内容丰富的学习材料。因此，学生要根据自己的需要或教师的安排来选择学习内容。当然系统课件的制作一般来说要比演示型课件复杂得多。

二、计算机辅助教学的应用模式

计算机辅助教学课件可分为多种应用模式，如操练与练习、对话、模拟、游戏、辅助测验、问题解答、发现学习与能力培养等。现对主要应用模式介绍如下：

（一）操作与练习

有些知识需要学生的反复操作与练习，才能使学生较好地掌握所学知识。这时可由计算机提出问题，让学生回答，然后计算机判断是否回答正确。如正确，计算机将给予肯定和赞扬，再进入下一个问题，如不正确，计算机则给予提示和帮助，并给予再次回答的机会或直接显示正确答案。如果学生不会，可请求计算机给以帮助。这种学习与计算机的"交互"作用的功能是诸如电影、录音、录像等媒体所没有的。正是这种"交互"功能，使得学生变被动学习为主动学习，更易达到巩固所学知识和掌握基本技能的目的。

在我国，现在已有许多幼儿、小学、中学的操作与练习多媒体光盘出现，因为应用了语音、音乐、图像、动画等多媒体手段，老师与学生都乐于使用，收到了较好的教学效果。

（二）个别化远程教学

这种方式是让计算机扮演教师的角色，进行个别化教学。这种系统课件一般是将教学内容分解成许多教学单元，首先讲解、演示知识点，再进行交互式练习。特别是当学生回答问题出错时，计算机要重新讲解知识点，甚至要复习更为基础的知识，直到学生能正确回答问题为止。

对于边远地区无法参加班级授课形式学习的学生，固然可以利用卫星电视方式进行学习，但这种学习方式是单向的，即学生对所学内容不管是否听懂看懂都得被动接受。如果利用计算机远程网络进行学习，学生就可在不懂的时候暂停学习，而回头向计算机询问或寻求帮助，以利于问题的解决。这种学习过程中的"交互"功能将大大提高个别教学的效果。

（三）模拟教学

计算机模拟是计算机模仿真实现象或模拟理论模型，并加以试验。它非常有利于培养学生解决问题的能力，克服许多真实试验的困难。计算机可以演示物理实验、化学实验，并可在不消耗材料的情况下，反复进行实验。以利于学生掌握实际操作本领。对于系统模拟，如模拟社会现象、人口发展动态、恒星系统的演化等，可使学生对所模拟的系统有较深刻的理解。经历的模拟可帮助学生取得未曾经历过的经验，如模拟医疗诊断、外科手术等。模拟训练可帮助学生熟练操作技巧，模拟飞行驾驶、车船驾驶、武器操纵及大型复杂系统的控制等。

（四）辅助测验

计算机辅助测验省时省力，还可有效地对测验成绩进行分析、统计。特别适合人数众多、客观题量大的测验类型。

（五）能力培养

优秀的 CAI 软件，能够培养学生多方面的能力。由计算机提供探索、分析和综合知识的环境，提供进行探索、分析、推导、计算等工具，使学生在探索过程中发现并掌握新概念和原理。这种 CAI 软件的编制应富于趣味性和很强的逻辑性，便于学习者进行判断、分析、综合，让学生发现规律，学到科学探索的方法。显然，这种 CAI 课件编制难度大，但这种课件有利于学生创造能力的培养。

第三节 计算机辅助教学课件的使用

近几年我国计算机辅助教学课件制作已有较大进步，一些软件开发单位已开发出许多幼、少儿个别学习用的多媒体系统课件。这些课件均存储在只读光盘上。只读光盘要求在多媒体计算机（当然是微机）上使用，并使用 Windows 操作系统。下面我们对多媒体计算机与 Windows 操作系统给以介绍，并同时讲解多媒体系统课件的使用方法。

一、多媒体计算机

（一）什么是多媒体

随着计算机在我国的迅速普及，"多媒体"这个词汇也广为流传。现在多媒体计算机已快速地进入社会和家庭，给教育、出版、文化娱乐等各个领域都带来巨大的变化。我们常称报纸、广播、电视等传播信息的工具为"新闻媒体"。这里所说的"媒体"（Medium）其实就是"信息"的载体。根据国际电报电话咨询委员会的定义，"媒体"有下列五大类：

（1）感觉媒体：即是人们能够感觉的媒体。如语言、音乐、自然界中的各种声音、图形、图像、文本等。

（2）表示媒体：这是人们为传送感觉媒体而创造出来的媒体。如语言编码、电报码、条形码等。

（3）显示媒体：这是用于通信中使电信号和感觉媒体之间产生转换用的媒体。如键盘、鼠标器、显示器、打印机等。

（4）存储媒体：如纸张、磁带、磁盘、光盘等。

（5）传输媒体：如电线电缆、光导纤维等。

"多媒体"（Multimedia）一词至今尚未严格定义，但一般认为：多媒体是指能够同时获取、处理、编辑、存储和展示两个以上不同类型信息媒体的技术。所以，"多媒体"是一种技术，而这种技术又是以计算机为核心，综合处理多种媒体信息，并使这些信息建立逻辑连接，从而协同表示出更丰富和复杂的信息。多媒体有三个显著的特征：

建立在数字化处理基础上的信息载体的多样性。这里的信息载体是指能够承载信息的数字、文字、声音、图形、图像、动画及活动影像等。早期的计算机只能处理数值、文字和经过特别处理的图形、图像，因而不具有多媒体功能。

处理过程的交互性，即实现复合媒体处理的双向性。多媒体能使用户可以与计算机的多种信息媒体进行交互操作，从而为用户提供更加有效地控制和使用信息的手段。我们可以收看和收听电视、广播、录音、录像，但不能与其交流、沟通。所以电视、广播、录音、录像也不是多媒体

多种技术的系统集成性。多媒体以计算机为中心综合处理多种信息媒体。多媒体技术集中了当今计算机及相关领域最新、最先进的硬件技术与软件技术。

（二）多媒体计算机

多媒体计算机可以简单地说成是能够同时处理声音（Audio）和图像（Video）的计算机，当然其中包括音频、视频信号的输入、处理和输出功能。

一般认为，1984 年美国苹果公司推出的麦金托什（Macintosh）型计算机是世界上第一种具有多媒体功能的计算机。现在的多媒体计算机包括多媒体个人计算机、多媒体工作站和多媒体专用机。但从绝对数值、影响范围、技术成熟性来看，多媒体个人计算机占绝对优势。当今世界，个人用微机主要是两大系列：即苹果公司的 Macintosh 系列与国际商用机器公司（IBM）、微软公司（Microsoft）、英特尔公司（Intel）为首的 PC 系列。虽然 Macintosh 型微机开创了多媒体计算机的先河，但由于多种原因，当今世界微机市场的80%，中国市场的 95% 均是 PC 系列机的天下，所以我们只以多媒体 PC 机，即 MPC（Multimedia Personal Computer）为代表介绍多媒体计算机。

1990 年 11 月，以 Microsoft 公司为首召开了多媒体开发会议，制定了多媒体计算机（MPC）规格标准 1 的规范。由于计算机硬件技术的迅速发展，1993 年 5 月，又制定了 MPC 规格标准 2。这个规范对多媒体微机的最低配置要求是：

RAM4MB

CPU25MHz486SX

CD-ROM 驱动器持续传送速度为 300KBS,平均最快查询时间为 400MS

硬盘 160MB

显示器 640X480 分辨率，65536 种颜色

声音卡 16 位数字声频

从 MPC 标准 2 来看，当前 CPU 为 486SX 以上配置一般微机，最少必须再配置有倍速 CD-ROM 驱动器和声音卡才能升级为多媒体计算机。

1. 光盘与 CD-ROM 驱动器

（1）光盘。

原来的 PC 系列微机主要是用软盘与硬盘来存储数据。软盘使用灵活方便；但存储容量少。如当前常用的 35 英寸软盘只有 144MB 的容量，硬盘虽然可以达到几百 MB 甚至数千 MB 的容量，但一般固定在机箱内使用，而不便于携带。多媒体计算机需要处理的媒体信息，如图像、声音等，都需要相当大的存储容量。一幅 640×480 分辨率的 24 位真彩色图像的数据量为 640×480×24(bit)8(bit)1024(B)=900(KB)，即近 1MB。而每秒必须有 25 帧以上的画面才能满足影视的视觉要求，也就是说，若不作任何技术处理，每秒钟的影视即需 20MB 以上的存储容量。10 分钟录音的信息也需 100MB 的存储容量。多媒体这样巨大的信息量的存储，既需要数据的压缩技术，也需要比磁盘更好的存储介质。

光盘是一种光学方式读写信息的圆盘，它综合了高密度磁带具有巨大的存储容量和磁盘能快速随机存取的优点，以其巨大的存储容量与低廉的存储成本，给信息界带来了革命性的变化。

光盘存储器一般可分为下面三种类型：

只读式光盘（Read Only）；

一次写入式光盘（Write Once）；

可擦写式光盘（Erasable）。

对于只读式光盘，我们可以从光盘上读出已存储在光盘上的信息，但不能修改或写入新的信息。制作这样的光盘，必须先制作母盘（即原模），然后在塑料基片上制作复制盘。只读式光盘便于大批量生产，而且成本低廉，因而在教育、娱乐界大量使用。光盘以高密度的凹坑存储数字信息，光盘驱动器的激光头扫描这些凹坑以获取信息。

一次写入式光盘只能一次写入，但能多次重复读出，它与只读式光盘不同之处在于它是由用户将所需记录的信息写入光盘的，而不是预先大批量制备的。现在制作一次写入式光盘的设备（刻录机）已在我国得到较为广泛地使用。刻录机将硬盘中的信息写入一次写入式光盘，通过 CD-ROM 驱动器即可使用这种光盘。

可擦写式光盘如同软磁盘一样可读可写，使用方便，代表着光盘发展方向，但目前技术尚未成熟，已有的商业化产品价格昂贵，故只在一些特殊场合使用。

（2）CD-ROM 驱动器。

CD-ROM(Compact Disc-Read Only Memory) 是小型光盘只读存储器的英文缩写。它是只读式光盘的一种，当前多媒体计算机（MPC）上一般使用 475 英寸光盘，容量约为 680MB。CD-ROM 驱动器有三种：即内置式、外置式和便携式。内置式 CD-ROM 驱动器是目前最常用的一种，它一般与 525 英寸磁盘驱动器并列放置在机箱内。外置式有便于移动的优点，可以在不同的计算机之间使用，但使用时需要有专门的接口卡，目前使用较少。便携式携带方便，但速度较慢。

CD-ROM 驱动器主要性能指标是速度。而它的速度由数据传输率和平均访问时间共同决定。多媒体计算机标准2对数据传输率的最低要求是300KB,即倍速。随着技术的进步,32倍速以上光盘驱动器是现时主流产品。

2. 声音卡

声音卡是一般 PC 系列微机升级为多媒体计算机的必不可少的部件。声音卡是一块可以插入主板扩展槽内的电路板,承担了原本由计算机 CPU 处理的声音数据的任务。当声音卡处理声音数据时,CPU 可以同时处理其他任务。这使得在多媒体计算机中实现多种媒体的同步工作成为可能,在系统中声音的同步生成是多媒体系统区别于其他系统的明显标志。

声音卡一般具有下面几种功能:

(1)模数与数模转换。

声音是由物体的振动而产生的,各种不同的声音具有不同的波形。原来的各种视听器材就是用模拟波形的方法来获取并播放各种不同的声音的。如语音、音乐、自然界中的各种声音等。但计算机处理的却是二进制数。声音卡的功能之一就是可以将由话筒、录音机输入的声音(模拟技术)转换成数字信息并由计算机进行处理或存储。需要时又将这些表示声音的数字信息转换成模拟波形并通过扬声器输出或转录到录音磁带上。

(2)MIDI 端口与音乐合成器。

MIDI 是"乐器数字接口"(Musical Instrument Digital Interface)的缩写。它是一些电子乐器生产厂家共同制定的一个规范标准,并由 MIDI 制造商协会定为数字音乐的一个国际标准。MIDI 标准规定了电子乐器与计算机连接的电缆硬件以及电子乐器之间、乐器与计算机之间传送数据的通信协议规范。声音卡上的 MIDI 端口使得多媒体计算机能够接收具有 MIDI 功能的乐器的音乐,录制 MIDI 音乐文件。声音卡的音乐合成器使得多媒体计算机能够播放 MIDI 音乐。如果再配上能记录、存储、编辑和播放 MIDI 音乐的计算机软件(即音序器),多媒体计算机不但可以为多媒体应用软件配上具有乐队效果的音乐,而且可以成为音乐工作者音乐创作的有力工具。

(3)CD-ROM 驱动器接口。

声音卡的这个接口使得多媒体计算机具有播放 CD 的能力。

3. 多媒体中的视频技术

在 MPC 中本来没有视频这一部分,但 PC 机与家用电器互相融合的趋势,使得视频成为多媒体计算机的一个引人注目的组成部分。

(1)视频和视频处理。

电影是连续播放存储在电影胶片上的静态画面而形成的。视频,用通俗的语言来说,就是一系列连续播放的图像。根据人类的视觉要求,这种静态画面的播放每秒不得少于18 幅(帧),否则将有不连贯的感觉,事实上,现代电影、电视的播放每秒都是 30 帧以上。而当前普通微机处理一幅图像的时间往往在 115 秒以上,这样的处理速度使普通微机处理影像时的速度一般只能达到每秒 15 帧,所以即使有 CD-ROM 驱动器和声音卡,如果没有特殊的处理，在微机上也是不能正常观看存储在光盘上的数字电影的。另外，一般电视、录像都是使用模拟技术，而计算机只能处理数字信息，所以如果要求计算机能接收和处理电视信号，就必须进行数字化并经过模数转换和彩色空间变换等过程。

视频处理是指借助于一系列相关的硬件（如电视接收卡和视频卡）、软件（如 Videofor Windows、超级解霸等），在计算机上对视频信号进行接收、采集、传输、压缩、存储、编辑、显示、回放等多种处理。这样，可以用计算机来接收电视节目，编辑录像带上的影像资料，并将数字信息存储在磁盘、光盘上。正是有视频处理技术，今天我们才能通过多媒体计算机欣赏各式各样的音像光盘，使用多媒体计算机辅助教学软件。

（2）视频处理硬件与软件。

视频处理硬件种类繁多，而且没有统一的分类标准。主要有电视接收卡、多媒体视频卡、视频实时压缩卡、视频编码卡、解压缩卡等。

电视接收卡使我们能用计算机收看电视节目。

多媒体视频卡的主要功能是将模拟视频信号数字化，在显示器上开窗并与 VGA 信号叠加显示，并将视频信号数字化后存储在计算机外存储器上。

视频实时压缩卡具有实时视频捕捉和视频压缩功能，可将视频信号实时转为数字信号在显示器上开窗显示，并可同时将视频信号实时压缩存入硬盘，需要时又可实时解压缩回放。

视频编码卡将计算机的 VGA 信息，编码成标准的视频信号在电视上播放或录入录像带中。

MPEG 解压缩卡也称为电影回放卡、影碟卡等。MPEG 解压缩卡可以播放 MPEG1 标准压缩的数字影视盘片（如 VideoCD、Karaoke CD 等）。新加坡创新公司生产的视霸卡系列（VideoBlaster）种类繁多，功能齐全，是世界上最有影响的视频卡系列之一。

在用硬件进行视频处理取得重大进展的同时，利用软件进行视频处理也取得了一定突破。目前在 MPC 中较为流行的视频处理软件是 Microsoft 公司的 Video for Windows，还有解压缩软件 XingMPEGBlaster、超级解霸等。不过，目前利用软件进行视频处理的效果还不能同利用硬件进行视频处理相比。

如果普通微机安装了声音卡、CD-ROM 驱动器、某种视频卡升级为多媒体计算机，一定要先安装同这些设备配套的安装程序。安装程序的名称一般都是 Installexe 或 Setupexe

（三）在视窗操作系统 Windows 下使用光盘 CAI 课件

视窗操作系统是美国微软公司（Microsoft）继 PC 系列微机单任务操作系统 DOS 之后，于 1990 年推出的新型操作系统，92 年推出 Windows32 版。1995 年微软公司推出了 Windows95 视窗操作系统，1998 年推出了 Windows98 视窗操作系统，并相继推出了中文版。近两年国内出版的多媒体计算机辅助教学软件光盘均要求利用多媒体计算机，在 Windows3X（X 可为 0、1、2）或 Windows95（98）操作系统之下运行。现在分别介绍在这两种视窗操作系统之下计算机辅助教学软件光盘的使用情况。

（1）在中文 Windows32 操作系统之下使用 CAI 光盘课件。

若 Windows32 装在 C 盘一级子目录 WIN 中，光盘驱动器号为 D: 在 DOS 操作系统提示符下，输入命令 WIN, 再回车。启动 Windows32 操作系统，进入"程序管理器"。在"程序管理器中"移动鼠标器让显示器上的指针放置到"主群组"图标上，双击鼠标左键（连按两次键，称为双击）。进入到"主群组"后，再双击"文件管理器"将 CAI 课件光盘放到光盘驱动器内，选 D 盘，可查看光盘的目录结构。一般光盘应有 readmeexe 可执行文件，运行该文件，将能阅读到该光盘的内容说明与基本使用方法。

现在制作的 CAI 课件都有一个软件安装程序 Setupexe(也有一些安装程序名为 installexe)。在"文件管理器"中查看目录结构，找到并运行 Setupexe 文件，该程序将引导用户顺利安装，并在"程序管理器"或其他"组"中创建一个图标。退出 Windows32 操作系统，并重新热启动或冷启动计算机，再次进入 Windows32 操作系统，进入"程序管理器"或另外有图标的"组"后，双击 CAI 课件图标即可运行该课件。

（2）在中文 Windows95(98) 操作系统之下使用 CAI 光盘课件如果在计算机中已安装 Windows95(98) 操作系统，那么冷启动或热启动计算机后即可进入 Windows95(98) 操作系统。在显示器上将显示"我的电脑"、"网上邻居"、"The Microsoft Network"（微软网络）、"回收站"、"收件箱"等图标，在显示器最下一行出现"开始"按钮。将 CAI 光盘放入光盘驱动器，将鼠标指针移到"我的电脑"图标，双击鼠标器左键可以出现"我的电脑"窗口，在此窗口中可以看到自己的电脑基本配置情况。鼠标指针移到光盘驱动器图标，并点击光盘驱动器图标，可以看到光盘上的目录结构，与使用 Windows32 操作系统类似，运行 readmeexe 文件，阅读光盘上的内容说明与基本使用方法。运行 Setupexe 文件，安装计算机辅助教学软件。再点击计算机辅助教学软件程序栏，即可运行计算机辅助教学软件。

另外也可在"开始"按钮中安装、运行计算机辅助教学课件，其方法如下：

点击"开始"按钮，可见"程序"、"文档"、"设置"、"查找"、"帮助"、"运行"、"关闭系统"等各项。再点击"程序"栏，出现的下级菜单有"资源管理器"、"附件"、"MS-TOS"等各项。"资源管理器"类似于 Windows32 中的"文件管理器"，点击"资源管理器"出现计算机上的各个盘符及各个盘上的目录结构。类似于 Windows32 的操作方法，运行 CAI 软件安装程序 Setupexe, 在安装程序的指引下完成安装，出现 CAI 课件图标，点击该图标即可运行 CAI 课件。

第四节　计算机辅助教学课件制作原理与课件评价

一、CAI 课件制作流程

作为一名普通教师，利用计算机进行辅助教学时，一般是使用由软件公司或大的软件制作单位开发的商业化课件。这些课件开发时都投入了大量的人力、物力和资金。使用的计算机硬、软件设备也比较先进。特别是多媒体 CAI 系统课件，一般都有专业课教师、软件工程师、美工师、摄影师、播音员一起协同工作。

一般来讲，课件的开发往往要经历需求分析、设计、开发、评价和修改等阶段。

在需求分析阶段，主要是要确定课件应该达到的目标，课件使用对象的特点、知识技能水平。明确课件运行的环境，开发所需的时间、人力和经费。在这一阶段，参加课件开发的专业课教师重点要放在研究教学内容的重点、难点，如何解决好传统教学手段所不能解决的或解决效果不好的问题。要考虑好 CAI 的教学模式，是作为教师上课的演示、讲解工具，还是作为学生的自学工具或测试工具。要研究教学内容对 CAI 课件模式的选择。

在设计阶段，首先要由有丰富经验的专业课教师在软件设计人员的协助下编写脚本。课件脚本应和电影脚本类似，而不应与教材相同。应考虑如何利用计算机屏幕组织教学活动。完整的课件教学内容应有若干个知识单元。每个知识单元应由若干个描述构成。而屏幕描述所采用的多媒体手段（文字、图形、声音、影像、动画等）及屏幕描述之间的逻辑关系都应有仔细考虑。

在课件开发、制作阶段，主要由软件人员在专业教师的协助下组织好对美工师、摄影师、播音员等人的分工。按脚本的规划，利用多媒体写作工具对课件素材进行编辑和加工整理，制作出课件原型。一个成熟的课件一次开发成功难度很大，一般都需要对课件进行多次试用、多次修改，并由专家小组对课件的教学效果进行评估。

二、CAI 课件脚本的编写

脚本是编程人员开发课件的依据。脚本的每一面上都绘有屏幕上显示的一幅教学画面，并标有说明。教学画面直接面向学生，每一幅画面都可促进入机交流，传送教学信息，激发学生的反应。因而脚本的质量对于课件的质量有着至关重要的影响。编写脚本的主要步骤如下：

（一）编写初稿

初稿主要用文字表述，其内容包括课件的课文、问题、反馈和画面的初步构思。

（二）绘制画面

在绘制画面时要注意画面的控制参数。如图画所占的行数、字号大小、屏幕的底色和显示色、画面持续时间等。文字信息的内容、位置、颜色。图形信息的结构、位置、颜色和状态。当有提问画面时，应考虑如何根据学生的反应给予相应的反馈，以及应该转向哪一幅画面。

（三）标注说明

在画面上一般还需标注说明如动画（Animation）、移动（Move）、等待（Wait）、图形（Picture）、等待回答（WaitReview）、消除（Erase）、反相显示（Reverse）、回答（Answer）、闪烁（Flash）、出现（Show）、窗口（Window）、按键（Inkey）、配乐（Voice）、

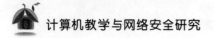

延时（Delay）等。

（四）重叠检查

显示内容与画面重叠出现时，对象之间是否配合、协调。

（五）编排顺序

画面的顺序应在制订课题计划时就大体确定。在编排顺序阶段主要是具体实施制订课题计划，当然也可对原定计划作适当修改。

（六）绘制课题流程图

课题流程图是指整个课题的脚本流程图，脚本流程图比课题计划中的有关示意图更具体，每页流程图只是脚本流程图的片断。

（七）评审修改脚本

脚本是联系教育工作者与编程人员之间的桥梁，组织有关方面的专家评审修改脚本，使课件能体现先进的教学经验和教育理论是很必要的。

三、CAI 课件的评价

评价一个 CAI 课件的优劣，一般有下列几条标准。

（一）是否达到预定的教学目标、教学要求。

教学讲解、演示型课件，是否吸引学生的注意力，激发学生的学习兴趣。个别教学型课件能否增强学生的学习的主动性。

（二）能否及时反馈学生的回答信息。

模拟型课件的仿真程度，学生能否尽快掌握实际操作。能力培养型课件是否能有效地培养学生的发现问题、解决问题的能力与创造能力。

（三）课件的使用是否方便。

课件的操作过程应有明确的提示，应不要求课件使用者有丰富的计算机使用经验。

（四）各种媒体是否应用适当。

既要有鲜明、形象、生动的屏幕画面与音乐、声音效果，又不要滥用媒体效果，分散学生的学习注意力。

由软件制作公司投入了大量人力、物力、财力开发的 CAI 课件具有很高的商业价值，当然也有很强的通用性。但是这样的课件不可能覆盖每一个知识点。如果自己是一名有教学经验的教师，又是一名多媒体计算机较熟练的操作与使用者（不一定是软件工程师），可以利用多媒体编辑工具（如 Authorware 等）制作一些小型课件以利于自己和其他教师的教学。

第五节　计算机辅助教学课件的制作

多媒体系统课件制作复杂，周期长，需要投入大量人力、物力、财力，一般教育单位难以承担。但是计算机辅助教学的体裁与内容是如此广泛，特别是演示型课件，每一个课件的内容不一定很多，但是却千变万化。软件公司很难满足广大教育工作者的各种不同的要求。所以有条件的一般教育单位甚至教师个人都是可以制作出满足本单位或有关单位使用的演示型课件的。

一、制作 CAI 课件的硬件支持

如果用 Basic 语言、C 语言等一般高级语言制作非多媒体演示型课件，386 以上微机均可制作。但如果要制作多媒体课件，则首先需要一台标准配置的多媒体计算机。当然，配置越高越好。但如果是搞 CAI 课件制作，一般还需要有以下一些硬件。

视频卡：便于计算机与电视、录像设备之间的信息交换。

麦克风：通过声音卡录入声音。

录像机：将已有录像资料通过视霸卡输入到计算机进行编辑。

摄像机：摄制新的影像资料。

扫描仪：输入静态图片、图像资料到计算机进行编辑。

扩音器与音箱：输出声音与音乐。

为了更好地输出多媒体 CAI 课件内容，若有大屏幕彩色电视机、投影器、彩色复印机等就更好。

二、多媒体 CAI 课件开发的软件工具

我国在 80 年代后期到 90 年初期制作的 CAI 课件（当然还不是多媒体课件）所使用的软件工具一般是高级语言，如 BASIC 语言、C 语言等。进入多媒体时代，CAI 课件的制作与开发的要求提高、难度加大。对于文本、表格、图形、动画、影像一般都由不同的软件进行编辑处理。现将在 Windows 操作系统下常用的一些工具软件列表如下。

文字处理：Word for Windows,Write

电子表格：Excel,Lotusl-2-3

绘画：Paintbrush,Painter,Free Hand

美术编辑：Adobe Photoshop,Corel DRAW,Photo DRAW 三维动画：3DSMAX,Director,Maya 动态影像媒体制作：VideoforWindows,Premiere 上述工具软件主要是对某一方面的媒体进行制作和编辑加工。要将多种媒体素材有机组合在一起形成课件，还需多媒体编辑系统（多媒体课件写作系统）。

现在的高级语言也有很强的多媒体编辑功能。如 Visual BASIC,VisualC++,BorlandC++

等。但高级语言要求课件制作人员有较强的编程功底，而且难度大，效率低。多媒体编辑系统将使不具有程序设计经验的教师也能设计出多媒体 CAI 课件。当前在多媒体计算机上使用较为广泛的多媒体编辑系统有 Multimedia Tool Book;Authorware;Icon Author; 方正奥思等。它们都具备有处理文字、图形、图像的功能；能显示多种格式的图形和图像；能提供画面的过渡特征；支持声音文件；有绘图工具；能支持简单的动画。在流程控制能力方面，都能生成较复杂的条件分支和逻辑分支的流程结构；能根据用户的输入产生跳转；能处理高速复杂事件的顺序；在显示屏上容易产生和连接快速键，这些快速键用来快速切换到演示软件的其他部分。

当前我国的课件编制人员中，使用 Authorware 多媒体编辑系统的人员占有较大的比例。现在已有 Authorware50 版本，该软件是一套功能强大的多媒体编辑系统，它以图标（icon）为基础，以流程线为结构环境，再加上丰富的函数和程序控制功能，给课件编制人员提供了极大的方便。它融合了编辑系统与高级语言的特点，提供多媒体基本元件的集成及多重分支功能。它的多样式对话模式给编写交互性很强的课件提供了强大的编辑工具。

现在数值计算、符号运算工具软件，函数与方程绘图工具软件，几何绘图软件在中学理科教学中也逐步得到应用。如北京大学 CAI 研究室研制的青鸟 MATHTOOL，成都地奥公司开发的"几何专家"，北京师范大学的"几何画板"。国外的 Maple、Mathematics、MathCAD 等。

MathCAD 是一个优秀的数理工具软件。它不仅具有良好的数值计算、符号运算功能，而且还具有二维、三维图形功能与动画功能。它的操作界面与 Windows 操作系统相近，与微软公司的 Office 软件有良好的兼容性。MathCAD 操作简单，使用方便，它的直观的流程图式内部语言 M++ 提高了编程效率。大、中学数理课是使用 MathCAD 的广阔天地。

计算机的硬、软件技术实在发展太快，因而使用与制作计算机辅助教学课件的手段与方法也在不断更新。我们只有不断学习，紧跟计算机与计算机辅助教学技术的发展，才能在计算机辅助教学方面作出成绩，为课堂教学改革、不断提高教学质量做出贡献。

第二章　网络安全概述

计算机网络是一门发展迅速、知识密集的综合性学科及高新信息科学技术，它涉及计算机、通信、电子、自动化、光电子和多媒体等诸多学科及信息技术。它是多种信息科学技术相互渗透和结合的产物，是建设信息高速公路和实现现代化信息社会的物质和技术基础。目前，已进入计算机发展的网络时代（信息化社会）计算机网络已遍及世界 240 多个国家和地区，它在政治、军事、外交、经济、交通、电信、文教等方面的作用日益增大。社会对计算机网络的依赖也日益增强，尤其是计算机技术和通信技术相结合所形成的信息基础设施已经成为反映信息社会特征最重要的基础设施。人们建立了各种各样完备的信息系统，使得人类社会的一些机密和财富高度集中于计算机中。但是这些信息系统都要依靠计算机网络接收和处理信息，实现其相互间的联系和对目标管理与控制。以网络方式获得信息和交流信息已成为现代信息社会的一个重要特征。随着全球信息化的迅猛发展，国家的信息安全和信息主权已成为越来越突出的重要战略问题，关系到国家的稳定与发展。就企业而言，网络信息对于在日益激烈的市场竞争中是否取胜非常关键，因此，网络的安全问题正在引起国家、信息界乃至社会公众的注意和重视，网络安全技术已经成为世界各国研究的热门课题。

第一节　计算机网络安全的定义与内容

一、计算机网络安全的定义

网络安全从其本质上来讲就是网络上的信息安全。它涉及的领域相当广泛。这是因为在目前的公用通信网络中存在各种各样的安全漏洞和威胁。从广义来说，凡是涉及到网络上信息的保密性、完整性、可用性、真实性和可控性的相关技术和理论，都是网络安全所要研究的领域。下面给出网络安全的一个通用定义。

网络安全是指网络系统的硬件、软件及其系统中的数据受到保护，不因偶然或者恶意的原因而遭到破坏、更改、泄露，系统连续可靠正常地运行，网络服务不中断。

从用户（个人、企业等）的角度来说，他们希望涉及个人隐私或商业利益的信息在网络上传输时受到机密性、完整性和真实性的保护，避免其他人或对手利用窃听、冒充、篡改、抵赖等手段对用户的利益和隐私造成损害和侵犯，同时也希望当用户的信息保存在某个计算机系统上时,不受其他非法用户的非授权访问和破坏。

从网络运行和管理者的角度来说,他们希望对本地网络信息的访问、读写等操作受到保护和控制,避免出现"陷门"、病毒、非法存取、拒绝服务和网络资源非法占用和非法控制等威胁,制止和防御网络"黑客"的攻击。

对安全保密部门来说,他们希望对非法的、有害的或涉及国家机密的信息进行过滤和防堵,避免其通过网络泄露,避免由于这类信息的泄密对社会产生危害,对国家造成巨大的经济损失。

从社会教育和意识形态角度来讲,网络上不健康的内容,会对社会的稳定和人类的发展造成阻碍,必须对其进行控制。

因此,网络安全在不同的环境和应用会得到不同的解释。

(一)运行系统安全,即保证信息处理和传输系统的安全。

包括计算机系统机房环境的保护,法律、政策的保护,计算机结构设计上的安全性考虑,硬件系统的可靠安全运行,计算机操作系统和应用软件的安全,数据库系统的安全,电磁信息泄露的防护等。它侧重于保证系统正常的运行,避免因为系统的崩溃和损坏而对系统存储、处理和传输的信息造成破坏和损失,避免由于电磁泄露,产生信息泄露,干扰他人(或受他人干扰),本质上是保护系统的合法操作和正常运行。

网络上系统信息的安全。包括用户口令鉴别,用户存取权限控制,数据存取权限、方式控制,安全审计,安全问题跟踪,计算机病毒防治,数据加密。

网络上信息传播的安全,即信息传播后果的安全。包括信息过滤,不良信息的过滤等。它侧重于防止和控制非法、有害的信息进行传播后的后果。避免公用通信网络上大量自由传输的信息失控。本质上是维护道德、法律或国家利益。

网络上信息内容的安全,即我们讨论的狭义的"信息安全"。它侧重于保护信息的保密性、真实性和完整性。避免攻击者利用系统的安全漏洞进行窃听、冒充、诈骗等有损于合法用户的行为。本质上是保护用户的利益和隐私。

显而易见,网络安全与其所保护的信息对象有关。本质是在信息的安全期内保证其在网络上流动时或者静态存放时不被非授权用户非法访问,但授权用户却可以访问。显然,网络安全、信息安全和系统安全的研究领域是相互交叉和紧密相连的。下面给出本书所研究和讨论的网络安全的含义。

网络安全的含义是通过各种计算机、网络、密码技术和信息安全技术,保护在公用通信网络中传输、交换和存储的信息的机密性、完整性和真实性,并对信息的传播及内容具有控制能力。网络安全的结构层次包括:物理安全、安全控制和安全服务。

(二)物理安全

网络安全首先要保障网络上信息的物理安全。物理安全是指在物理介质层次上对存储和传输的信息的安全保护。目前,常见的不安全因素(安全威胁或安全风险)包括四大类:

（1）自然灾害（如雷电、地震、火灾、水灾等），物理损坏（如硬盘损坏、设备使用寿命到期、外力破损等），设备故障（如停电断电、电磁干扰等）和意外事故。

特点是：突发性，自然因素性，非针对性。这种安全威胁只破坏信息的完整性和可用性（无损信息的秘密性）。

解决方案是：防护措施，安全制度，数据备份等。

（2）电磁泄漏（如侦听微机操作过程），产生信息泄漏，干扰他人或受他人干扰，乘机而入（如进入安全进程后半途离开）和痕迹泄露（如口令密钥等保管不善，易于被人发现）。

特点是：难以察觉性，人为实施的故意性，信息的无意泄露性。这种安全威胁只破坏信息的秘密性（无损信息的完整性和可用性）。

解决方案是：辐射防护，屏幕口令，隐藏销毁等。

（3）操作失误（如删除文件、格式化硬盘、线路拆除等）和意外疏漏（如系统掉电、"死机"等系统崩溃）。

特点是：人为实施的无意性，非针对性。这种安全威胁只破坏信息的完整性和可用性（无损信息的秘密性）。

解决方案是：状态检测，报警确认，应急恢复等。

（4）计算机系统机房环境的安全。

特点是：可控性强，损失也大，管理性强。

解决方案：加强机房管理，运行管理，安全组织和人事管理。

物理安全是信息安全的最基本保障，是不可缺少和忽视的组成部分。一方面，研制生产计算机和通信系统的厂商应该在各种软件和硬件系统中充分考虑到系统所受的安全威胁和相应的防护措施，提高系统的可靠性；另一方面，也应该通过安全意识的提高，安全制度的完善，安全操作的提倡等方式使用户和管理维护人员在系统和物理层次上实现信息的保护。

（三）安全控制

安全控制是指在微机操作系统和网络通信设备上对存储和传输的信息的操作和进程进行控制和管理。主要是在信息处理层次上对信息进行的初步的安全保护。可以分为三个层次。

微机操作系统的安全控制。如用户开机键入的口令（但目前某些微机主板有"万能口令"），对文件的读写存取的控制（如 UNIX 系统的文件属性控制机制）。主要用于保护存储在硬盘上的信息和数据。

网络接口模块的安全控制。在网络环境下对来自其他机器的网络通信进程进行安全控制。主要包括：身份认证、客户权限设置与判别、审计日志等，如 UNIX、Windows95NT 的网络安全措施。

网络互联设备的安全控制。对整个子网内的所有主机的传输信息和运行状态进行安全监测和控制。主要通过网管软件或路由器配置实现。

可见，安全控制主要是通过现有的操作系统或网管软件、路由器配置等实现。安全控制只提供了初步的安全功能和信息保护，仍然存在着很多漏洞和问题。但由于实际情况的限制，很难对此进行弥补和更改。

（四）安全服务

安全服务是指在应用层对信息的保密性、完整性和来源真实性进货保护和鉴别，满足用户的安全需求，防止和抵御各种安全威胁和攻击手段。这是对现有操作系统和通信网络的安全漏洞和问题的弥补和完善。

安全服务的主要内容包括：安全机制、安全链接、安全协议和安全策略。

1. 安全机制

安全机制是利用密码算法对重要而敏感的信息进行处理。包括：加密解密（保护信息的保密性），数字签名签名验证（确认信息来源的真实性和合法性），信息认证（保护信息的完整性，防止和检测数据的修改、插入、删除和改变）。安全机制是安全服务乃至整个安全系统的核心和关键。现代密码学的理论和技术在安全机制的设计中具有重要的作用。

2. 安全链接

安全链接是在安全处理前与网络通信方之间的链接过程，为安全处理进行必要的准备工作。主要包括：会话密钥的分配和生成及身份验证（保护进行信息处理和操作的对等双方身份的真实性和合法性）。

3. 安全协议

协议是多个使用方为完成某些任务所采取的一系列的有序步骤。协议的特性是：预先建立、相互同意、非二义性和完整性。安全协议使网络环境下不信任的通信方能够相互配合，并通过安全链接和安全机制的实现来保证通信过程的安全性、可靠性和公平性。

4. 安全策略

安全策略是安全体制、安全链接和安全协议的有机组合方式，是系统安全性的完整的解决方案。安全策略决定了信息安全系统的整体安全性和实用性。不同的通信系统和具体的应用环境决定不同的安全策略。

另外，安全设备是存储密钥、口令、权限、审计记录等安全信息的硬件介质和载体，以及存储和运行安全信息系统的设备，如具有防火墙功能的路由器，具有密钥分配和认证功能的安全服务器等。安全设备自身的安全防护也是必不可少的。

（五）网络安全的内容

网络安全的内容大致上包括：网络实体安全、软件安全、数据安全和网络安全管理4个方面：

1. 网络实体安全

如计算机机房的物理条件、物理环境及设施的安全，计算机硬件、附属设备及网络传输线路的安装及配置等。软件安全如保护网络系统不被非法侵入，系统软件与应用软件不被非法复制、不受病毒的侵害等。

2. 网络中的数据安全

如保护网络信息数据的安全、数据库系统的安全，保护其不被非法存取，保证其完整、一致等。

3. 网络安全管理

如运行时突发事件的安全处理等，包括采取计算机安全技术，建立安全管理制度，开展安全审计，进行风险分析等内容。

第二节　计算机网络安全的主要威胁及隐患

一、网络安全的主要威胁

计算机网络的发展，使信息共享应用日益广泛与深入。但是信息在公共通信网络上存储、共享和传输，会被非法窃听、截取、篡改或毁坏而导致不可估量的损失。尤其是银行系统、商业系统、管理部门、政府或军事领域对公共通信网络中存储与传输的数据安全问题更为关注。如果因为安全因素使得信息不敢放进 Internet 这样的公共网络，那么办公效率及资源的利用率都会受到影响，甚至使人们丧失了对 Internet 及信息高速公路的信赖。

事物总是辩证的。一方面，网络提供了资源的共享性、用户使用的方便性，通过分布式处理提高了系统效率和可靠性，并且还具有了扩充性。另一方面，正是这些特点增加了网络受攻击的可能性。计算机网络所面临的威胁包括对网络中信息的威胁和对网络中设备的威胁。影响计算机网络的因素很多，有些因素可能是有意的，也可能是无意的；可能是人为的，也可能是非人为的；还可能是外来黑客对网络系统资源的非法使用等。

人为的无意失误，如操作员安全配置不当造成的安全漏洞，用户安全意识不强，用户口令选择不慎，用户将自己的账号随意转借给他人或与别人共享都会对网络安全带来威胁。

人为的恶意攻击，是计算机面临的最大威胁。敌手的攻击和计算机犯罪就属于这一类。此类攻击又可以分为以下两种：一种是主动攻击，它以各种方式有选择地破坏信息的有效性和完整性；另一种是被动攻击，它是在不影响网络正常工作的情况下，进行截获、窃取、破译以获得重要机密信息。这两种攻击均可对计算机网络造成极大的危害，并导致机密数据的泄露。

网络软件的漏洞和"后门"，网络软件不可能是百分之百无缺陷和无漏洞的。然而，这些漏洞和缺陷恰恰是黑客经常攻击的首选目标。曾经出现过的黑客攻入网络内部的事件大部分就是因为安全措施不完善所招致的苦果。另外，软件的"后门"都是软件公司的设计编程人员为了方便而设置的，一般不为外人所知，但一旦"后门"打开，其造成的后果将不堪设想。总的说来，网络安全的主要威胁来自以下几个方面：

自然灾害、意外事故。计算机犯罪。人为行为，比如使用不当，安全意识差等。"黑客"行为，由于黑客的入侵或侵扰，比如非法访问、拒绝服务、计算机病毒、非法链接等。内部泄密。外部泄密。信息丢失。电子谍报，比如信息流量分析、信息窃取。信息战。网络协议中的缺陷，例如 TCPIP 协议的安全问题等。

二、计算机网络安全的技术隐患

计算机网络的安全隐患是多方面的。从网络组成结构上分，有计算机信息系统的，有通信设备、设施的；从内容上分，有技术上的和管理上的；从技术上来看，主要有以下几个方面。

（一）网络系统软件自身的安全问题

网络系统软件的自身安全与否直接关系到网络的安全，网络系统软件的安全功能较少或不全，以及系统设计时的疏忽或考虑不周而留下的"破绽"都等于给危害网络安全的人和留下许多"后门"。例如，美国微软公司就经常针对已发现的系统"破绽"发布"补丁"程序。同时，在同一系统软件中，低版本的往往比高版本的在安全性能方面差了许多，所以在服务器上要注意尽量使用高版本的操作系统，并应使用系统软件所能提供的最高安全级别。另外，值得注意的是操作系统的许多缺省值都已被黑客们盯上了，往往被用来作为侵入网络的突破口，所以应尽量避免使用系统缺省值。此外，还要注意的有：

操作系统的体系结构造成其本身是不安全的，这也是计算机系统不安全的根本原因之一。操作系统的程序是可以动态连接的，包括 IO 的驱动程序与系统服务，都可以采用打"补丁"的方式进行动态连接。许多 UNIX 操作系统的版本的升级、开发都是采用打"补丁"的方式进行的。这种方法既然厂商可以使用，那么黑客也可以使用，同时这种动态连接也成为计算机病毒产生的好环境。

操作系统的一些功能，例如，支持在网络上传输文件的功能，包括可以执行的文件映象，即在网络上加载程序等，必然带来一些不安全因素。

操作系统运行时一些系统进程总在等待一些条件的出现，一旦有满足要求的条件出现，程序便继续运行下去，这都是黑客可以利用的。

操作系统要安排无口令入口，这原本是为系统开发人员提供的便捷入口，但它也是黑客的通道。另外，操作系统还有隐蔽信道。

Internet 和 Intranet 使用的 TCPIP（传输羟制协议网际协议）以及 HP（文件传输协议）、E-mail（电子邮件）、RPC（远程程序通信规则）、NFS（网络文件系统）等都包含许多不安全的因素，存在着许多漏洞。

（二）网络系统中数据库的安全设计问题

网络中的信息数据是存放在计算机数据库中的，供不同的用户来共享。数据库存在着不安全性和危险性，因为在数据库系统中存放着大量重要的信息资源，在用户共享资源时可能会出现以下现象：授权用户超出了他们的访问权限进行更改活动，非法用户绕过安全内核窃取信息资源等。因此提出子数据库安全问题，也就是要保证数据的安全可靠和正确有效。对数据库数据的保护主要是针对数据的安全性、完整性和并发控制三方面。

数据的安全性就是保证数据库不被故意的破坏和非法的存取。数据的完整性是防止数据库中存在不符合语义的数据，以及防止由于错误信息的输入、输出而造成无效操作和错误结果。并发控制即数据库是一个共享资源，在多个用户程序并地存取数据库时，就可能会产生多个用户程序并发地存取同一数据的情况，若不进行并发控制就会使取出和存入的数据不正确，破坏数据库的一致性。

所以在数据库设计时，必须考虑到这些问题。通常可采取一系列的安全策略和安全机制，其中主要是解决存取控制问题。可是对数据的存取控制还不足以对数据库用户进行约束，所以还要增加作业授权控制，把作业授权控制结合到安全策略中，并用自主型和强制性的存取控制来处理用户对数据的访问。而作业授权控制是处理用户对作业以及作业对数据的访问，这种作业授权控制既提供了高可靠性，又提供了应用的灵活性。

下面以著名的数据库 Oracle 和 Fox 或 dBASE 为例来说明。Oracle 数据库系统是一个非常有影响的分布式数据库系统，它不仅有国内广泛使用的微机版本，而且还支持许多不同的操作系统。Oracle 数据库系统体系非常庞大，在此，我们仅以 Oracle for Net Ware 为例来说明其良好的自身保护机制。Oracle 是通过保护数据库的数据单元表（table）来保护信息资源不被其他程序进行非授权访问，从而达到保护自身的目的。Oracle 的 table 存储方式是由若干 table 组合在一起，以一个大文件的形式存放在 Novell 网络服务器的 Oracle 目录内的。这个文件的结构和加密方法对外均不公开，因而，其他用户程序是无法破解这些 table 信息的，而且 Oracle 对外也不提供访问的接口。相比之下，Fox 或 dBASE 的自身保护机制就差得多，甚至可以说没有一点自身保护机制。众所周知，Fox 或 dBASE 的 table 存放在以 DBF 结尾的文件里，而结构完全是公开的。存放在 DBF 文件内的信息没有任何加密处理，非授权用户可以不通过 Fox 规定的方式访问 DBF 文件，因而很容易受到外来程序的攻击。这一点希望能引起所有基于 Fox 或 dBASE 建造的网络信息系统，尤其是金融、财务系统的管理人员的注意，对其每天都要运行的系统的安全性给予高度重视。

（三）传输线路安全与质量问题

尽管在同轴电缆、微波或卫星通信中要窃听其中指定一路的信息是很困难的，但是从安全的角度来说，没有绝对安全的通讯线路。同时，无论采用何种传输线路，当线路的通信质量不好时，将直接影响联网效果，严重的时候甚至导致网络中断。例如，市内电话线路，主要电气指标有直流电气性能指标（环阻、绝缘电阻）；交流特性（线路衰耗、线路衰耗交流频率特征）；交流特性阻抗等。当通信线路中断，计算机网络也就中断，这还比较明显。而当线路时通时断、线路衰耗大或杂音严重时，问题就不那么明显，但是对通信网络的影响却是相当大，可能会严重地危害通信数据的完整性。为保证好的通信质量和网络效果，就必须要有合格的传输线路，如在干线电缆中，应尽量挑选最好的线作为计算机联网专线，以得到最佳的效果。

1. 计算机黑客

2. 窃听

同轴电缆、双绞线、光纤或无线方式引入了新的物理安全暴露点，被动方式如搭线窃听或主动方式的如无线仿冒。利用计算机通信设备天然存在的电磁泄露进行窃取活动，也是一个重要的安全隐患。部分对整体的安全威胁，任一单一组件的失密都可能造成整个网络的安全失败。程序共享造成的冲突，共享同一程序可能会造成死锁、信息失效或文件不正确的开关状态。对互联网而言可能有更多潜在的威胁，即使各网均能独立安全运行，联网之后，也会发生互相侵害的后果。

3. 计算机病毒

由于网络的设计目标是资源共享，由于网络是计算机病毒滋生和传播的理想家园。

第三节　计算机网络安全的基本需求及管理策略

一、网络安全需求概述

（一）分析基本原则

遵照法律：信息安全工作不仅仅是某个企业单位的工作，也是一个国家性的工作，必须把局部的安全工作与全局的工作协调起来，按照有关的法律和规定实施安全工程。

（二）依据标准

为了保证需求分析的质量，必须做到"有据可查"，用有关的技术标准来衡量。因此要充分参考、利用现有的标准。分层分析，安全工程涉及到策略、体系结构、技术、管理等各个层次的工作，安全工程的层次性也就决定了需求分析的层次性，这样得出的结果才是完备的、可靠的。

（三）结合实际

安全工程的实施是针对一个具体的信息系统环境的，所有工作的开展必须建立在这个实际基础之上，不同环境需求分析的结果是不同的。

（四）分析角度

信息网络系统是分层的，所以，在进行需求分析时也应该根据各层的具体情况分级别提出安全需求。

（五）管理层

信息安全是一个管理和技术结合的问题。一个严密、完整的管理体制，不但可以最大限度地在确保信息安全的前提下实现信息资源共享，而且可以弥补技术性安全隐患的部分弱点。管理包括行政性和技术性管理。信息网络系统能否正常高效地运行，很大程度上取决于是否发挥了它的最大功效，这依赖于系统的管理策略。管理层的安全需求分析就是研究为了保证系统的安全，应该建立一个怎样的管理体制。具体来讲，就是成立什么样的管理机构或部门？负责什么任务？完成什么功能？遵循什么原则？达到什么要求？

（六）物理层

物理层的安全就是保证实体的安全。实体安全是信息网络安全的低层安全，也是保证上层安全的基础。物理层的安全需求分析就是根据单位的实际情况，确定单位各实体的安全级别，需要什么程度的安全防护？达到什么样的安全目的？

（七）系统层

这里的系统指的是操作系统，操作系统是信息网络系统的基础平台，它的安全也是保证上层安全的基础。系统层的安全需求分析就是研究为保证安全，应该要求操作平台达到什么样的安全级别？为达到所要求的级别，应该选用什么样的操作系统？如何使用、管理、配置操作系统？

（八）网络层

网络层是 Internet 的核心，是为上层应用提供网络传输的基础，也是局域网和广域网连接的接口。因此，针对网络层的攻击和破坏很多，应根据信息系统的业务方向，分析系统的网络安全需求，再确定应该采用什么样的防护方式。

（九）应用层

应用层是网络分层结构的最上层，是用户直接接触的部分。由于基于网络的应用很多，供应商也很多，所以存在的安全问题也很多，相应的安全防护技术也很多，需要根据实际情况来衡量对它们的需求程度。

（十）分析内容

确认系统资源的安全性属性。确认系统资源安全风险。策划系统资源安全策略。

（十一）需求管理

需求分析与评估并不是系统一次性行为，特别是网络系统安全需求，它总是发展和逐步求精的。这就需要对网络安全需求分析和评估的过程和结果进行管理，建立相关文档，规范需求变更程序和责任。

二、典型的网络安全基本需求

所有的网络应用环境包括银行、电子交易、政府（无密级的）、公共电信载体和互联专用（或私有）网络都有网络安全的需要。

三、网络安全的管理策略

（一）网络安全管理的重要性

从加强安全管理的角度出发，可以认为，实质上网络安全首先是个管理问题，然后才是技术问题。你也许花了不少钱买了安全设备，但如果你将它束之高阁，或不按它的安全规范合理操作，认为有了安全的设备就会安全，而没有在落实上下功夫，那么再好的设备也不安全。

世界上现有的信息系统绝大多数都缺少安全管理员，缺少信息系统安全管理的技术规范，缺少定期的安全测试与检查，更缺少安全审计。我国许多企业的信息系统已经使用了许多年，但计算机的系统管理员与用户的注册大多还是处于缺省状态。另一方面，也可以说网络的安全问题是天生的，这是由于"整体大于部分之和的"原因。网络由各种服务器、工作站、终端等集群而成，所以整个网络天然地继承了它们各自的安全隐患。各种服务器各自运行着不同的操作系统，各自继承着自身系统的不同安全特性。随着计算机及通信设备组件数目的增大，积累起来的安全问题将十分复杂。

通常安全管理领域涉及两类要求：一是安全管理，防止未授权者访问网络；另一个是管理安全（security of management），防止未授权者访问网络管理系统。

安全管理策略的目的就是决定一个计算机网络的组织机构怎样来保护自己的网络及其信息。一般来说，保护的政策包括两个部分：一个总体的策略和具体的规则。

总体的策略用于阐明安全政策的总体思想，而具体的规则用于说明什么活动是被允许的，什么活动是被禁止的。

为了能制定出有效的安全管理策略，一个政策的制定者一定要懂得如何权衡安全性和方便性，并且这个政策应和其他的相关问题是相互一致的。安全管理策略中要阐明技术人员应向策略制定者说明的网络技术问题，因为网络安全管理策略的制定并不只是高层管理者的事，工程技术人员也起着很重要的作用。

（二）制定组织机构的整体安全管理策略

整体安全管理策略制定一个组织机构的战略性安全指导方针，并为实现这个方针分配必要的人力物力，一般是由管理层的官员，如组织机构的领导者和高层领导人员来主持制定这种政策，以建立该组织机构的计算机安全计划及其基本框架结构。它的作用有：

（1）定义这个安全计划的目的和在该机构中涉及的范围。

（2）把任务分配给具体的部门和人员以实现这种计划。

（3）明确违反该政策的行为及其处理措施。

（4）制定和系统相关的安全管理策略

上面的安全管理政策一般是从一个很广泛的角度来说明的，涉及到公司政策的各个方面，与系统相关的安全管理策略正好相反，一般根据整体政策提出对一个系统具体的保护措施。总体性政策不会说明一些很细的问题，如允许哪些用户使用防火墙代理，或允许哪些用户用什么方式访问 Internet, 这些问题由和系统相关的安全管理策略加以说明。这种政策更着重于某一具体的系统，更为详细。

（三）实施安全管理策略时应注意的问题

1. 全局政策过于繁琐，而不是一个决定或方针

安全政策并没有真正被执行，只是一张给审查者、律师或顾客看的纸，并没有真正影响该组织成员的行为。例如，一个公司制定了一项安全管理策略，规定公司每个职员都有义务保护数据的机密性、完整性和可用性。这个政策以总裁签名的座右铭形式发放给每个雇员，但这不等于政策就可以改变雇员的行为，使他们真正地按政策所说的那样做。关键是应该分配责任到各个部门，并分配足够的人力和物力去实现它，甚至去监督它的执行情况。

2. 策略的实施不仅仅是管理者的事，而且也是技术人员的事

例如，一个管理员决定为了保证系统安全禁止用户共享账号，并且他的提议得到了经理的批准。但他可能没有向经理说明为什么要禁止共享账号，致使经理可能不会组织一个雇员培训计划来保证这个策略的完成，因为经理并不真正地理解这个政策，结果导致用户不能理解，而且他们在不共享账号的情况下，不知道怎样共享文件，所以用户会忽略这个政策。

（四）网络安全管理策略的等级

网络安全管理策略可分为 4 个等级。

（1）不把内部网络和外部网络相连，一切都被禁止。

（2）除那些被明确允许之外，一切被禁止。

（3）除那些被明确禁止之外，一切都被允许。

（4）一切都被允许，当然也包括那些本来被禁止的。

可以根据实际情况，在这 4 个等级之间找出符合自己的安全管理策略。当系统自身的情况发生变化时，必须注意及时修改相应的安全管理策略。

（五）网络安全管理策略的内容

网络安全管理策略的内容有：

1. 网络用户的安全责任

该策略可以要求用户每隔一段时间改变其口令；使用符合一定准则的口令；执行某些检查，以了解其账户是否被别人访问过等。重要的是要求用户做到的，都应明确地定义。

2. 系统管理员的安全责任

该策略可以要求在每台主机上使用专门的安全措施、登录

标题报文、监测和记录过程等，还可列出在连接网络的所有主机中不能运行的应用程序。

3. 正确利用网络资源

规定谁可以使用网络资源，他们可以做什么，他们不应该做什么等。如果用户的单位认为电子邮件文件和计算机活动的历史记录都应受到安全监测，就应该非常明确地告诉用户，这是其政策。

4. 检测到安全问题时的对策

当检测到安全问题时应该做什么？应该通知谁？这些都是在紧急的情况下容易忽视的事情。

第四节　计算机网络安全的级别分类

随着计算机安全问题逐渐被人们重视，如何评价计算机系统的安全性，建立一套完整的、客观的评价标准则成了人们关心的热点。

20 世纪 80 年代，美国国防部基于军事计算机系统的保密需要，在 20 世纪 70 年代的基础理论研究成果计算机保密模型（Bell&LaPadula 模型）的基础上，制订了《可信计算机系统评价准则》TCSEC(Trusted Computer System Evaluation Criteria)，又称"橘皮书"。它将计算机系统的可信程度，即安全等级划分为 4 大类（D、C、B、A）7 个小类。其中包括从最简单时系统安全特性直到最高级的计算机安全模型技术，同样为了使《可信计算机系统评价准则》中的评价方法适用于网络，美国国家计算机安全中心 NCSC 在 1987 年出版了《可信网络解释》TNI(Trusted Network Interpretation)，从网络的角度解释了《可信计算机系统评价准则》中的观点。《可信网络解释》明确了《可信计算机系统评价准则》中所未涉及到的网络及网络单元的安全特性，并阐述了这些特性是如何与《可信计算机系统评价准则》的评价相匹配的。

一、D 级

D 级是最低的安全形式，拥有这个级别的操作系统就像一个门户大开的房子，任何人都可以自由进出，是完全不可信的。对于硬件来说，是没有任何保护措施，操作系统容易受到损害，没有系统访问限制和数据访问限制，任何人不需任何账户就可以进入系统，不受任何限制就可以访问他人的数据文件。

属于这个级别的操作系统有：

DOS

Windows

Apple 的 MacintoshSystem71

cm

二、C 级

C 级有两个安全子级别：Cl 和 C2。Cl 级，又称选择性安全保护（Discretionary Security Protection）系统，它描述了一种典型的用在 Unix 系统上的安全级别。这种级别的系统对硬件有某种程度的保护，但硬件受到损害的可能性仍然存在。用户拥有注册账号和口令，系统通过账号和口令来识别用户是否合法，并决定用户对程序和信息拥有什么样的访问权。

这种访问权是指对文件和目标的访问权。文件的拥有者和根用户（Root）可以改动文件中的访问属性，从而对不同的用户给予不同的访问权，例如，让文件拥有者有读、写和执行的权力，给同组用户读和执行的权力，而给其他用户以读的权力。

另外，许多日常的管理工作由根用户（Root）来完成，如创建新的组和新的用户。根用户拥有很大的权力，所以它的口令一定要保存好，不要几个人共享。

（一）C1 级

保护不足之处在于用户直接访问操纵系统的根用户。C1 级不能控制进入系统的用户的访问级别，所以用户可以将系统中的数据任意移走，他们可以控制系统配置，获取比系统管理员允许的更高权限，如改变和控制用户名。

（二）C2 级

除了 C1 包含的特征外，C2 级别还包含有访问控制环境（Controlled-access Environment）。

该环境具有进一步限制用户执行某些命令或访问某些文件的权限，而且还加入了身份验证级别。另外，系统对发生的事件加以审计（Audit），并写入日志当中，如什么时候开机，哪个用户在什么时候从哪儿登录等。这样通过查看日志，就可以发现入侵的痕迹，如多次登录失败，也可以大致推测出可能有人想强行闯入系统。审计可以记录下系统管理员执行的活动，审计还加有身份验证，这样就可以知道谁在执行这些命令。审计的缺点在于它需要额外的处理器时间和磁盘资源。

使用附加身份认证就可以让一个 C2 系统用户在不是根用户的情况下有权执行系统管理任务。不要把这些身份认证和应用子程序的 SGID 和 SUID 相混淆，身份认证可以用来确定用户是否能够执行特定的命令或访问某些核心表，例如，当用户无权浏览进程表时，他若执行 PS 命令就只能看到他们自己的进程。

授权分级使系统管理员能够给用户分组，授予他们访问某些程序的权限或访问分级目录。另一方面，用户权限可以以个人为单位授权用户对某一程序所在目录进行访问。如果其他程序和数据也在同一目录下，那么用户也将自动得到访问这些信息的权限。

能够达到 C2 级的常见操作系统有：

UNIX 系统。

XENIX。

Novell3x 或更高版本。

WindowsNT。

三、B 级

（一）B1 级

B 级中有三个级别，B1 级即标志安全保护（Labeled Security Protection），是支持多级安全（比如秘密和绝密）的第一个级别，这个级别说明一个处于强制性访问控制之下的对象，系统不允许文件的拥有者改变其许可权限。

安全级别存在保密、绝密级别，如国防部和国家安全局系统。在这一级，对象（如盘区和文件服务器目录）必须在访问控制之下，不允许拥有者更改他们的权限。

B1 级安全措施的计算机系统随着操作系统而定。政府机构和防御承包商们是 B1 级计算机系统的主要拥有者。

（二）B2 级

B2 级又称结构保护（Structured Protection），要求计算机系统中所有的对象都加标签，而且给设备（磁盘、磁带和终端）分配单个或多个安全级别。这里提出较高安全级别的对象与另一个较低安全级别的对象通讯的第一个级别。

（三）B3 级

B3 级又称安全域级别（Security Domain），使用安装硬件的方式来加强域，例如，内存管理硬件用于保护安全域免遭无授权访问或其他安全域对象的修改。该级别也要求用户通过一条可信任途径链接到系统上。

四、A 级

A 级或验证设计（Verity Design）是当前橘皮书的最高级别，包括了一个严格的设计、控制和验证过程。与前面提到的各级别一样，这一级别包含了较低级别的所有特性。设计必须是从数学角度上经过验证的，而且必须进行秘密通道和可信任分布的分析。可信任分布（Trusted Distributfon）的含义是：硬件和软件在物理传输过程中已经受到保护，以防止破坏安全系统。第五节计算机网络安全的基本措施及安全意识

在通信网络安全领域中，保护计算机网络安全的基本措施主要有：改进、完善网络运行环境，系统要尽量与公网隔离，要有相应的安全链接措施；不同的工作范围的网络既要采用安全路由器、保密网关等相互隔离，又要在正常循序时保证互通；为了提供网络安全服务，各相应的环节应根据需要配置可单独评价的加密、数字签名、访问控制、数据完整性、业务流填充、路由控制、公证、鉴别审计等安全机制，并有相应的安全管理；远程客

户访问中的应用服务要由鉴别服务器严格执行鉴别过程和访问控制；网络和网络安全部件要经受住相应的安全测试；在相应的网络层次和级别上设立密钥管理中心、访问控制中心、安全鉴别服务器、授权服务器等，负责访问控制以及密钥、证书等安全材料的产生、更换、配置和销毁等相应的安全管理活动；信息传递系统要具有抗侦听、抗截获能力，能对抗传输信息的篡改、删除、插入、重放、选取明文密码破译等主动攻击和被动攻击，保护信息的紧密性、保证信息和系统的完整性；涉及保密的信息在传输过程中，在保密装置以外不以明文形式出现；堵塞网络系统和用户应用系统的技术设计漏洞，及时安装各种安全补丁程序，不给入侵者以可乘的机会；定期检查病毒并对引入的软盘或下载的软件和文档加以安全控制；除了要制定和实施一系列的安全管理制度，采取必要的安全保护措施外，还要增强人员的安全意识和职位敏感性识别，加强雇员筛选过程，进行安全性训练，不能存在"重应用、轻安全"的倾向，使制度不能得到真正的落实。

第五节　信息网络安全风险分析

风险分析与评估一个完整的安全体系和安全解决方案是根据网络体系结构和网络安全形势的具体情况来确定的，没有一个"以不变应万变"的通用的安全解决方案。信息安全关心的是保护信息资源免受威胁。绝对安全是不可能的，只能通过一定的措施把风险降低到一个可接受的程度。

一、目标和原则

风险分析是有效保证信息安全的前提条件。只有准确地了解系统的安全需求、安全漏洞及其可能的危害，才能制定正确的安全策略。另外，风险分析也是制定安全管理措施的依据之一。风险分析与评估是通过一系列的管理和技术手段来检测当前运行的信息系统所处的安全级别、安全问题、安全漏洞以及当前安全策略和实际安全级别的差别。评估风险分析的目标是：了解网络的系统结构和管理水平及可能存在的安全隐患；了解网络所提供的服务及可能存在的安全问题；了解各应用系统与网络层的接口及其相应的安全问题；进行网络攻击和电子欺骗的检测、模拟及预防；分析信息网络系统对网络的安全需求，找出目前的安全策略和实际需求的差距，为保护信息网络系统的安全提供科学依据。

由于风险分析与评估的内容涉及很多方面，因此进行分析时要本着多层面、多角度的原则，从理论到实际，从软件到硬件，从物件到人员，要事先制定详细的分析计划和分析步骤，避免遗漏。另外，为了保证风险分析结果的可靠性和科学性，风险分析还要参考有关的信息安全标准和规定，如《中华人民共和国计算机信息系统安全保护条例》《中华人民共和国计算机信息网络国际联网管理暂行规定》《计算机信息网络国际联网安全保护管理办法》《计算机信息系统安全专用产品检测和销售许可证管理办法》《中华人民共和国计算机信息网络国际联网管理暂行规定实施办法》《商用密码管理条例》等，做到有据可查。

风险分析的内容与范围应该涵盖信息网络系统的整个体系，包括网络安全组织、制度和人员情况，网络安全技术方法的使用情况，防火墙布控及外联业务安全状况，动态安全管理状况，链路、数据及应用加密情况，网络系统访问控制状况等。在网络系统的安全工作中，人是关键要素，无论网络系统的安全服务、安全机制和安全过程多么自动化和现代化，都需要人去启动、运行和管理。如果管理水平低下，人员素质不高，那么网络系统的安全性能就会减弱，漏洞就会增加。具体来讲，风险分析的内容范围如下所述。

网络基本情况分析：包括网络规模、网络结构、网络产品、网络出口、网络拓扑结构。

信息系统基本安全状况调查：系统是否遭到过黑客的攻击，是否造成了损失？系统内是否存在违规操作的行为，具体有哪些行为？系统内成员的安全意识如何，技术人员是否进行过安全技术培训，对一般职员是否进行过安全意识的教育工作，采用了什么样的形式，效果如何？

信息系统安全组织、政策情况分析：是否有常设的安全领导小组，其人员构成和职责是什么？现有的网络安全管理的相关规制度有哪些？安全管理人员的编制、职能和责任落实情况怎样？

网络安全技术措施使用情况分析：网络资源（人员、数据、媒体、设备、设施和通信线路）是否进行了密级划分？对不同密级的资源是否采取了不同的安全保护措施，采取了哪些具体的措施？目前采取了哪些网络安全技术措施？哪些措施不能满足网络安全的需求？哪些安全措施没有充分发挥作用？网络防病毒体系的完整性和有效性如何？

防火墙布控及外联业务安全状况分析：目前防火墙的布控方式是否合理，发挥的作用如何？信息系统对外提供的服务有哪些？以何种形式对外连接，是否采取了安全防护措施及采取了什么样的安全措施？

动态安全管理状况分析：是否使用过网络扫描软件对网络主机和关键设备进行安全性分析和风险评估？操作系统和关键网络设备的软件补丁是否及时安装？目前是否使用入侵检测系统对网络系统进行数据流监控和行为分析，是否对系统日志进行周期性的审计和分析？

链路、数据及应用加密情况分析：系统中关键的应用是否采取了应用加密措施？网络综合布线是否符合安全标准？对关键线路是否有备份，启用频度如何？在广域网线路方面是否采取了链路层或网络层加密措施；应用系统对其有没有加密需求？

网络系统访问控制状况分析：系统用户是通过什么样的方法手段进行控制的？关键服务器和设备的用户是否得到严格的控制和管理？在访问控制方面除了简单的 user&passwd 认证外，还有没有采取其他的访问控制措施？主要服务器和关键设备的管理员的权限是否得到了分离？是否有内部拨号服务？访问控制措施是否得当？对网络资源的访问，是否有完整的日志和审计功能？

白盒测试：分析系统的抗攻击能力，测试系统能否经得住常见的拒绝服务攻击、渗透入侵攻击？是否有缓冲区漏洞缺陷？对各种攻击的反应如何？

二、分析方法

网络安全是一种特殊的质量体系，这种安全是动态的，即使在网络建设时达到了预定的安全性能，但随着网络设备的升级、网络服务的增加以及应用系统的更新，对网络安全的威胁也会不断增长。只有对网络系统进行长期的精心维护和科学管理，才可能保持网络系统的安全系数。为了掌握网络信息系统的安全状况，检查发现系统中的安全隐患，需要从制度、管理和技术三个角度对网络系统进行综合性分析评估。在分析过程中，要时刻把握多角度、多层次的原则，首先要根据相关政策法规，查找被分析对象在管理上的疏忽和漏洞，如备份与恢复方案、紧急响应机制等；再从技术层面评测网络系统的安全性，如通信加密、用户访问控制、安全认证体系、攻击监控等。

风险分析可以使用以下方式实现：问卷调查、访谈、文档审查、黑盒测试、操作系统的漏洞检查和分析、网络服务的安全漏洞和隐患的检查和分析、抗攻击测试、综合审计报告等。风险分析的过程可以分为以下 4 步。

（一）确定要保护的资源及价值

如果不知道要保护什么内容或者不知道要保护内容的情况，那就谈不上安全了。明确要保护的资源、资源的位置以及资产的重要性是安全风险分析的关键。

（二）分析信息资源之间的相互依赖性

由于某项资源的损失可能会导致其他资源的失效，因此，在确定资源的时候还要考虑资源之间的关联性。

（三）确定存在的风险和威胁

确定了要保护的资源后，就应该分析对资源的潜在威胁以及受此威胁的可能性。威胁可以是任何可能对资源造成损失的个人、对象或事件，威胁也可能是故意的或偶然的。明确存在哪些弱点漏洞及这些弱点漏洞的风险级别，分析资源所面临的威胁、发生的可能性以及一旦出现安全问题，可能造成什么样的影响等。

（四）分析可能的入侵者

要分析他们存在的数量，进行攻击的可能性，进行攻击时威胁有多大等。

为了便于对风险分析结果的评审，要求结果能够量化的尽可能量化，不能量化的做出形式化描述。如某个设备的价格、存在的漏洞缺陷的数量等可以量化的，必须给出量化后的结果。而像某些系统应用的安全级别就不好量化，那么应根据有关的评估标准来确定它的安全级别（如 A 级、B 级或 C 级）。这样得出的分析结果将是大量的表格数据，这些数据就是以后各项工作的依据，应妥善地保存。

三、风险评估

如何根据分析的数据结果得出最终的评估结论也是一项重要的工作，需要安全专家进行总结。对结果进行分析时一定要有所比较，将所得到的结果与以前的结果进行比较，或者与其他信息系统的评估结果进行比较，还要与有关的标准进行比较。严格的比较有助于为信息系统的安全性定级。因此，参照物的选择很关键。在比较之后，通过总体的权衡，给出整个系统安全性的概述说明，并将结论与测试结果上报主管部门或人员。

风险评估是网络安全防御中的一项重要技术，也是信息安全工程学的重要组成部分。其原理是对采用的安全策略和规章制度进行评审，发现不合理的地方，采用模拟攻击的形式对目标可能存在的安全漏洞进行逐项检查，确定存在的安全隐患和风险级别。风险分析针对包括系统的体系结构、指导策略、人员状况以及各类设备（如工作站、服务器、交换机、数据库应用等各种对象）。根据检查结果向系统管理员提供周密可靠的安全性分析报告，为提高网络安全整体水平提供重要依据。根据风险评估结果，对风险做出抉择。

（一）避免风险

有些风险很容易避免，例如通过采用不同的技术、更改操作流程、采用简单的技术措施等。

（二）转嫁风险

通常只有当风险不能被降低或避免、且被第三方（被转嫁方）接受时才被采用。一般用于那些低概率、但一旦风险发生时会对组织产生重大影响的风险。

（三）接受风险

用于那些在采取了降低风险和避免风险措施后，出于实际和经济方面的原因，只要组织进行运营，就必然存在并必须接受的风险。

第三章　系统安全

第一节　系统安全

加强计算机网络系统的安全性，除了加强计算机网络中传输的数据的安全性之外，还要加强计算机网络中的软件和硬件的安全性。可以从网络体系结构的角度对各层协议的安全性进行加强；也可以从系统运行软件的角度对各种软件的安全性进行加强；还可以针对常见的破坏活动，进行安全的防范等。在本章中仅介绍一些常用的基本技术，即 Windows2003 操作系统提高安全性的主要方法、防火墙技术、防计算机病毒技术及黑客的进攻。

一、Windows2003 操作系统的安全性

操作系统是计算机网络系统配置的最重要的软件，在整个计算机系统中处于中心地位。操作系统的安全与否，是整个计算机网络系统安全性的决定因素之一。下面就介绍 Windows2003 在工作模式下提高安全性的主要技术。

二、Kerberos 身份认证

当网络用户对计算机网络中的资源进行访问时，系统首先进行的就是身份认证，只有被认定为合法的客户才有可能进行资源的访问。Windows2003 在工作模式下采用了 Kerberos 身份认证，保证一次登录便可进行全部访问。下面进行简单的介绍。

Kerberos 为网络通信提供可信的面向开放系统的认证服务。当用户（client）申请得到某服务程序（server）的服务时，用户和服务程序会首先向 Kerberos 要求认证对方的身份，认证建立在用户和服务程序对 Kerberos 的信任的基础上。在申请认证时，client 和 server 都可看成是 Kerberos 认证服务的用户，认证双方与 Kerberos 的关系。

当用户登录到工作站时，Kerberos 对用户进行初始认证，通过认证的用户可以在整个登录时间内得到相应的服务。Kerberos 既不依赖用户摹录的终端，也不依赖用户所请求的服务的安全机制，而是由 Kerberos 本身提供的认证服务器来完成用户的认证工作。下面介绍一下 Kerberos 认证的过程。

Kerberos 有两种证书（crendentials）:ticket 和 authenticator。这两种证书均使用密钥加密，但加密的密钥不同。

ticket 用来在认证服务器和用户请求的服务之间传递用户的身份，同时也传递附加信息来保证使用 ticket 的用户必须是 ticket 中指定的用户。

ticket 由 client 和 server 的名字、client 的地址、时间戳、生存时间、会话密钥 5 部分组成。Ticket 一旦生成，在 life 指定的时间内可以被 client 多次使用来申请同一个 server 的服务。

authenticator 则提供信息与 ticket 中的信息进行比较，保证发出 ticket 的用户就是 ticket 中指定的用户。authenticator 由 client 的名字、client 的地址、记录当前时间的时间戳 3 部分组成。authenticator 只能在一次服务请求中使用，每当 client 向 server 申请服务时，必须重新生成 authenticator。

登录时用户输入用户名后，系统会向认证服务器（authentication server）发送一条包含用户和 tgs(ticketgranting server）服务两者名字的请求。认证服务器检查用户是否有效，如果有效，则随机产生一个用户用来和 tgs 通信的会话密钥 Kc，tgs，然后创建一个令牌 Tc，tgS，令牌中包含用户名、tgs 服务名、用户地址、当前时间、有效时间，还有刚才创建的会话密钥，然后将令牌用 Ktgs 加密。认证服务器向用户发送加密过的令牌 {Tc，tgs} Ktgs 和会话密钥 Kc，tgs，发送的消息用只有用户和认证服务器知道的 Kc 来加密，Kc 的值基于用户的密码，用户与 AS 之间的数据交换。

用户工作站收到认证服务器回应后，就会要求用户输入密码，将密码转化为 DES 密钥 Kc，然后将认证服务器发回的信息解开，将令牌和会话密钥保存用于以后的通信，为了安全，用户密码和密钥 Kc 则被删掉。

当用户的登录时间超过了令牌的有效时间时，用户的请求就会失败，这时系统会要求用户通过 kinit 程序重新申请令牌 Tc，tgS。用户运行 klist 命令可以查看自己所拥有的令牌的当前状态。

用户 c 从 tgs 得到所请求服务 s 的令牌 Tc，一个令牌只能申请一个特定的服务，所以用户必须为每一个服务 s 申请新的令牌，用户可以从 tgs 处得到令牌 Tc，s。

用户程序首先向 tgs 发出申请令牌的请求，请求信息中包含 s 的名字、得到的请求 tgs 服务的加密令牌 {Tc，tgs} Ktgs，还有加密过的 Authenticator 信息 {Ac} Kc,tgs，Kc,tgs 就是第（1）步得到的会话密钥。

tgs 得到请求后，用密钥和会话密钥解开请求得到 Tc，tgs 和 Ac，根据两者的信息鉴定用户身份是否有效。如果有效，tgs 生成用于通信的会话密钥 Kc，s，并生成用于 c 申请得到 s 服务的令牌 Tc,s，其中包含 c 和 S 的名字、c 的网络地址、当前时间、有效时间和刚才产生的会话密钥。令牌 Tc，S 的有效时间是初始令牌 Tc，tgs 剩余的有效时间和所申请的服务默认有效时间中最短的时间。用户与 tgs 之间的数据交换。

tgs 最后将加密后的令牌 {Tc，S} Ks 和会话密钥 1，3 用用户和 tgS 之间的会话密钥加密后发送给用户。用户 c 得到回答后，用 Kc,157tgs 解密，得到所请求的令牌和会话密钥。

用户 c 利用得到的令牌 Kc，s 申请服务 s。用户申请服务 s 的工作与第（2）步相似，只不过申请的服务由 tgs 变为 s。

用户首先向 s 发送包含加密令牌 {Tc, s}Ks 和 {Ac}Kc，S 的请求，s 收到请求后将其分别解密，并比较得到的用户名、网络地址、时间等信息，判断请求是否有效。用户和服务程序之间的时钟必须同步在几分钟的时间段内，当请求的时间与系统当前时间相差太远时，认为该请求是无效的，以免遭到重放攻击。为了防止重放攻击，S 通常保存一份最近收到的有效请求的列表，当收到一份请求与已经收到的某份请求的令牌和时间完全相同时，认为此请求无效。

当 c 也想验证 s 的身份时，s 将收到的时间戳加 1，并用会话密钥加密后发送给用户，用户收到回答后，用会话密钥解密来确定 S 的身份，服务器与客户机之间的数据交换。

（一）访问控制

当用户成功登录到系统后，用户就领到了一张身份证件，而系统中各种资源都包含控制用户访问的控制信息。当用户访问资源时，系统将对比资源的访问控制信息和用户的身份证件，以确定用户是否有权访问资源，以及访问权限是什么。

安全标识符 SID（Security Identifier）

SID 是标识用户、组和计算机账户的唯一的号码。在第一次创建该账户时，将给网络上的每一个账户发布一个唯一的 SID。Windows2003 中的内部进程将引用账户的 SID 而不是账户的用户名或组名。如果先创建账户，再删除账户，然后使用相同的用户名创建另一个账户，则新账户将不具有授权给前一个账户的权力或权限，原因是该账户具有不同的 SID 号。安全标识符也被称为安全 ID 或 SID。

用户通过验证后，登录进程会给用户一个访问令牌，该令牌相当于用户访问系统资源的票证。当用户访问系统资源时，将访问令牌提供给 Windows，然后 Windows 检查用户访问对象上的访问控制列表。如果用户被允许访问该对象，Windows 将会分配给用户适当的访问权限。访问令牌是用户在通过验证的时候由登录进程提供的，所以改变用户的权限需要注销后重新登录，重新获取访问令牌。

如果存在两个同样 SID 的用户，这两个账户将被鉴别为同一个账户。如果账户无限制增加的时候，系统可能会产生同样的 SID，在通常的情况下 SID 是唯一的。SID 由计算机名、当前时间、当前用户状态线程的 CPU 耗费时间的总和 3 个参数决定，以保证 SID 的唯一性。一个完整的 SID 包括：用户和组的安全描述、48 位的 ID 标识、修订版本、可变的验证值，例如，s-1-5-21-76985614-1876338704-322544478-1001。

（二）访问控制

既然用户登录到服务器上，就可以对照基于 NTFS 文件系统的任意访问控制列表（DACL）查找用户的权限。当一个用户试图访问一个文件或者文件夹的时候，NTFS 文件系统会检查用户使用的账户或者账户所属的组是否在此文件或者文件夹的访问控制列表（ACL）中，如果存在则进一步检查访问控制项（ACE），然后根据控制项中的权限来判断用户最终的权限。如果访问控制列表中不存在用户使用的账户或者账户所属的组，就拒绝用户访问。

1. NTFS 权限及对应的操作

NTFS 的所有权限都有"允许"和"拒绝"两种选择，关于权限的进一步说明如下：

新建的文件或者文件夹都有默认的 NTFS 权限，如果没有特别需要，一般不用改。文件或者文件夹的默认权限是继承上一级文件夹的权限，如果是根目录（比如 C:\）下的文件夹，则权限是继承磁盘分区的权限。权限的设置在如图 5-9 所示的对话框中进行。

2. 企业版的权限项

设置各个账户以及组对当前文件或者文件夹的权限的方法很简单，在该对话框的"名称"下拉列表框中，选择要修改的账户或者组，在"权限"列表框中选择合适的权限就行了。还可以在该对话框中设置一些特殊权限以及取得文件或文件夹的所有权的方法。

3. NTFS 权限的应用规则

如果一个用户同时在两个组或者多个组内，而各个组对同一个文件有不同的权限，那么这个用户对这个文件有什么权限呢？

简单地说，当一个用户属于多个组的时候，这个用户会得到各个组的累加权限，但是如果有一个组的相应权限被拒绝，则用户的此权限也会被拒绝。

举例来说，假设有一个用户 WZ，如果 WZ 属于 A 和 B 两个组，A 组对某文件有读取权限，B 组对此文件有写入权限，WZ 对此文件有修改权限，那么 WZ 对此文件的最终权限为读取 + 写入 + 修改权限。

假设 WZ 对文件有写入权限，A 组对此文件有读取权限，但是 B 组对此文件为拒绝读取权限，那么 WZ 对此文件只有写入权限。这里还有一个小问题，WZ 对此文件只有写入权限，没有读取权限，那么，写入权限有效么？答案很明显，WZ 对此文件的写入权限无效，因为不能读取怎么写入？连门都进不去，怎么把家具搬进去？

4. 权限的继承

新建的文件或者文件夹会自动继承上一级目录或者驱动器的 NTFS 权限，但是从上一级继承下来的权限是不能直接修改的，只能在此基础上添加其他权限。也就是不能把权限上的勾去掉（因为你去不掉），只能添加新的勾。在"属性"窗口中灰色的框为继承的权限，是不能直接修改的，白色的框是可以添加的权限。

当然这并不是绝对的，只要权限够，比如管理员，也可以把这个继承下来的权限修改了，或者让文件不再继承上一级目录或者驱动器的 NTFS 权限。

5. 权限的拒绝

这个很简单，只要记住，拒绝的权限是最大的就行了。无论给账户或者组设置了什么权限，只要"拒绝"复选框被选中，那么被拒绝的权限就绝对有效。

6. 移动和复制操作对权限的影响

这里一共有 4 种情况，移动或复制文件（夹）到同一或者不同分区内。只需要记住，只有移动到同一分区内才能保留原来设置的权限，否则权限为继承目的地文件夹或者驱动器的 NTFS 权限。

7. 共享权限

共享权限只有 3 种：读取、更改和完全控制。

WindowsServer2003 默认的共享文件设置权限是 Everyone 用户只具有读取权限。Windows2000 默认的共享文件设置权限是 Everyone 用户具有完全控制权限。

下面解释一下 3 种权限。

读取权限是指派给 Everyone 组的默认权限。除此之外 Everyone 组的用户还能进如下操作：查看文件名和子文件夹名、共享权限、查看文件中的数据、运行程序文件。

更改权限不是任何组的默认权限。更改权限除允许所有的读取权限外，还增加以下操作：添加文件和子文件夹，更改文件中的数据，删除子文件夹和文件。

完全控制权限是指派给本机上的 Administrators 组的默认权限，包括读取及更改权限。

和 NTFS 权限一样，如果赋予某用户或者用户组拒绝的权限，则该用户或者该用户组的员将不能执行被拒绝的操作。

8. 对于共享文件夹应注意如下 4 点

在 Windows2000 中，共享的文件夹可以用空密码用户访问，但是在 WindowsServer2003 中，共享的文件夹不可以用空密码用户访问，这是比较常见的网络共享无法访问的问题，希望注意。

共享权限只对通过网络访问的用户有效，所以有时需要和 NTFS 权限配合（如果分区是 FATFAT32 文件系统，则不需要考虑），才能严格地控制用户的访问。当一个共享文件夹设置了共享权限和 NTFS 权限后，就要受到两种权限的控制。

如果希望用户能够完全控制共享文件夹，首先要在共享权限中添加此用户（组），并设置完全控制的权限，然后在 NTFS 权限设置中添加此用户（组），也设置完全控制权限。只有两个地方都设置了完全控制权限，用户（组）才最终拥有完全控制权限。

当用户从网络访问一个存储在 NTFS 文件系统上的共享文件夹的时候，会受到两种权限的约束，而有效权限是最严格的权限（也就是两种权限的交集）。而当用户从本地计算机直接访问文件夹的时候，不受共享权限的约束，只受 NTFS 权限的约束。同时还要考虑到两个权限的冲突问题，例如，共享权限为只读，NTFS 权限是写入，那么最终权限是完全拒绝，因为这两个权限的组合权限是两个权限的交集。

第二节 防火墙技术

一、什么是防火墙

防火墙就像中世纪的城堡防卫系统，那时人们为了保护城堡的安全，在城堡的周围挖一条护城河，每一个进入城堡的人都要经过吊桥，并且还要接受城门守卫的检查。人们借鉴了这种防护思想，设计了一种网络安全防护系统，这种系统就被称为防火墙。

计算机网络中的防火墙技术是建立在现代通信技术和信息安全技术基础上的应用性安全技术，应用于内部网络与外部网络的中间，保障内部网络的安全。防火墙可以在用户的计算机和因特网之间建立一道屏障，把用户和外部网络隔绝；用户可以通过设定规则来决定哪些情况下防火墙应该隔绝计算机与因特网之间的数据传输，哪些情况下允许两者之间的数据传输。通过防火墙挡住外部网络对内部网络的攻击和入侵，从而保障用户的网络安全。

从逻辑上讲，防火墙是分离器、限制器和分析器，有效地控制了内部网络和因特网之间的任何活动，保证了内部网络的安全。在计算机网络中，防火墙是一个活动的屏障，并可通过一个"门"来允许用户在安全网络和开放的不安全的网络之间通信。早期的防火墙是由一个单独的机器组成的，放置在私有网络和公网之间。近些年来，防火墙涉及整个从内部网络到外部网络的区域，由一系列复杂的机器和程序组成。简单地说，今天的防火墙是多个组件的应用。从实现形式上讲，防火墙可以分为硬件防火墙和软件防火墙，硬件防火墙是通过硬件和软件的结合来达到隔离内、外部网络的目的；软件防火墙是通过纯软件的方式来实现的。

防火墙在实施安全的过程中是至关重要的。一个防火墙策略要符合 4 个目标，而每个目标通常都不是通过一个单独的设备或软件来实现的。大多数情况下防火墙的组件放在一起使用以满足公司安全目的的需求。

（一）实现一个公司的安全策略

防火墙的主要意图是强制执行你的安全策略。在前面的课程提到过在适当的网络安全中安全策略的重要性。举个例子，也许你的安全策略只需对 MAIL 服务器的 SMTP 流量作些限制，那么你要直接在防火墙强制这些策略。

（二）创建一个阻塞点

防火墙在一个公司私有网络和公网间建立一个检查点，要求所有的流量都要通过这个检查点。一旦这些检查点建立起来，防火墙设备就可以监视、过滤和检查所有进来和出去的流量。网络安全产业称这些检查点为阻塞点。通过强制所有进出流量都通过这些检查点，网络管理员可以集中在较少的地方来进行监测。如果没有这样一个供监视和控制信息的点，系统或安全管理员则要在大量的地方来进行监测。检查点的另一个名字叫做网络边界。

（三）记录因特网活动

防火墙还能够强制日志记录，并且提供警报功能。通过在防火墙上实现日志服务，安全管理员可以监视所有从外部网或互联网的访问。好的日志策略是实现适当网络安全的有效工具之一。防火墙对于管理员进行日志存档提供了更多的信息。

（四）限制网络暴露

防火墙在内部网络周围创建了一个保护的边界，并且对于公网隐藏了内部系统的一些信息以增加保密性。当远程节点侦测内部网络时，它们仅仅能看到防火墙。远程设备将不会知道内部网络的布局。防火墙可以通过提高认证功能和对网络加密来限制网络信息的暴露。通过对所有进来的流量进行源检查，以限制从外部发动的攻击。

防火墙的缺点主要集中在以下 4 点。

1. 防范恶意的知情者

如果入侵者在防火墙的内部，它不通过防火墙就可以删改文件，盗窃数据，破坏软件和硬件。这种情况下防火墙是无能为力的，只能加强内部管理来防范。

2. 不能防范不通过它的连接

如果内部网被允许不通过防火墙，而通过其他途径进行访问，那么不通过防火墙的非法访问不能被防范。

3. 不能防备全部的威胁

防火墙可以用来防范已知的威胁，但不能防范未知的新威胁。

4. 不能防病毒

虽然防火墙扫描所有通过的信息，但是不能扫描数据的确切内容，即使是先进的数据包过滤也不能防范数据中隐藏的病毒。

二、防火墙的基本技术

（一）分组过滤技术

分组过滤技术是防火墙应用的最基本的技术，可以用来实现多种网络安全策略。网络安全策略必须明确描述被保护的资源、服务的类型、重要程度以及防范对象。

首先在分组过滤装置的端口设置分组过滤准则（分组过滤规则），分组过滤的规则按一定的顺序存储。当一个分组到达端口时，对分组的头部进行分析，大多数分组过滤装置只检查 IP、传输控制协议（TCP）、用户数据报文协议（UDP）头部内的字段。然后根据分组过滤的规则来决定是阻塞该分组还是继续发送。如果存在某条规则阻塞一个分组传递或接收，则不允许该分组通过。如果存在某条规则允许或接收一个分组，则允许该分组通过。如果一个分组不满足任何规则，则该分组被阻塞。下面根据一个简单的例子来说明分组过滤的工作原理。

有一个内部网 A，它的 IP 地址为 13236XX，其中的某部门的 IP 地址为 132369X。

另一个内部网 B 的 IP 地址为 11244XX，其中的某部门 IP 地址为 112449X，该部门不能连接到 A 的内部网，允许 B 其他部门的所有子网与 A 内部网 132369X 连接，但不能与 A 其他部门连接。

当一个分组到达过滤端口时，分别用过滤规则表中的每条规则对分组进行检查，符合规则 1 的允许通过，符合规则 2 的将被拒绝，不允许通过。表中的规则 3 为默认值，也就是不符合规则 1 和规则的其他分组将被拒绝，不允许通过。

根据规则表可以得出以下结论：

对于分组 1，源地址 $124491，目的地址 1313611，则拒绝该分组通过。

对于分组 2, 源地址 Il24411，目的地址 1313691，则允许该分组通过。

对于分组 3, 源地址 1122411，目的地址 1313611，则拒绝该分组通过。

一个分组过滤装置被放置于一个或几个网段与其他网段之间。网段通常被分为内部网段和外部网段，外网段用来连接外部网络，例如，因特网；内部网段用来连接一个单位或组织内部的主和其他网络资源。

（二）应用代理技术

应用代理实际上晕声用程序代理技术，是建立在应用层的基础上，利用应用程序来过滤 TelneuFTP 等服接，这样的应用软件称为代理服务。运行代理服务的主机称为应用网关，代理服务仅允许在应用网关有代理的服务通过防火墙，而其他没有代理的服务将被阻塞。代理服务具有认证和很强的日志功能。

应用程序代理防火墙实际上并不允许在它连接的网络之间直接通信。代理服务器接受来自内部网络特定用户应用程序的通信，然后建立与公共网络服务器单独的连接。网络内部的用户不直接每外部的服务器通信，所以服务器不能直接访问内部网的任何一部分。

另外，如果不为特定的应用程序安装代理程序代码，这种服务是不会被支持的，不能建立任何连接。这种建立方式拒绝任何没有明确配置的连接，从而提供了额外的安全性和控制性。

例如，一个用户的 Web 浏览器可能在 80 端口，但也可能是在 1080 端口，连接到了内部网络的 HTTP 代理防火墙。防火墙接受这个连接请求，并把它转到所请求的 Web 服务器。

这种连接和转移对该用户来说是透明的，因为它完全是由代理防火墙自动处理的。代理防火墙通常支持一些常见的应用服务，如 HTTP、HTTPSSSL、SMTPPOP3、IMAP、NNTP、Telnet、FTP、IRC。

应用程序代理防火墙可以配置成允许来自内部网络的任何链接，也可以配置成要求用户认证后才建立连接。要求认证的方式有只为已知的用户建立连接这种限制，为安全性提供了额外的保证。如果网络受到危害，这个功能使得从内动攻击的可能性大大减少。

（三）监测模型技术

监测模型技术是根据因特网和内部网络关联的需求，建立其制管理的模型，完成信息传输的控制与管理。从原理上讲监测模型技术对所有的协议都有效，能处理从 IP 层到应用层所有的分组过滤数据，也就是将所有层的信息综合到一测点上进行过滤。一般是加载一个检测模块，在不影响网络正常工作的前提下，检测模块在网络层截取数据包，然后在所有的通信层上抽取有关的状态信息，据此判断该通信是否符合安全策略。由于监测模型技术是在网络层截获数据包的，因此可以支持多种协议和应用程序，并可以很容易地实现应用的扩充。

三、防火墙的体系结构

最简单的防火墙配置，就是直接在内部网和外部网之间加装个包过滤路由器或者应用网关。为更好地实现网络安全，有时还要将几种防火墙组合起来构建防火墙系统。目前比较流行的有以下 3 种防火墙配置方案。

（一）双宿主机网关

双宿主机网关是用一台装有两个网络适配器的双宿主机做防火墙。双宿主机用两个网络适配器分别连接两个网络，又称为堡垒主机。堡垒主机上运行着防火墙软件（通常是代理服务器），可以转发应用程序，提供服务等。双宿主机网关有一个致命弱点，一旦入侵者侵入堡垒主机并使该主机只具有路由器功能，则任何网上用户均可以随便访问有保护的内部网络。

（二）屏蔽主机网关

屏蔽主机网关易于实现，安全性好，应用广泛。屏蔽主机又分为单宿堡垒主机和双宿堡垒主机两种类型。在单宿堡垒主机类型中，一个包过滤路由器连接外部网络，一个堡垒主机安装在内部网络上。堡垒主机只有一个网卡，与内部网络连接。通常在路由器上设立过滤规则，并使这个单宿堡垒主机成为从因特网上唯一可以访问的主机，确保内部网络不受未被授权的外部用户的攻击。而内联网内部的客户机，可以受限制地通过屏蔽主机和路由器访问因特网。

双宿堡垒主机型与单宿堡垒主机型的区别是，双宿堡垒主机有两块网卡，一块连接内部网络，一块连接包过滤路由器。双宿堡垒主机在应用层提供代理服务，与单宿型相比更加安全。

屏蔽子网是在内联网和因特网之间建立一个被隔离的子网，用两个包过滤路由器将这一子网分别与内联网和因特网分开。两个包过滤路由器放在子网的两端，在子网内构成一个"缓冲地带"，两个路由器一个控制内联网数据流，另一个控制因特网数据流，内联网和因特网均可访问屏蔽子网，但禁止它们穿过屏蔽子网通信。可根据需要在屏蔽子网中安装堡垒主机，为内部网络和外部网络的互相访问提供代理服务，但是来自两网络的访问都必须通过两个包过滤路由器的检查。对于向因特网公开的服务器，像 WWW、FTP、Mail 等因特网服务器也可安装在屏蔽子网内，这样无论是外部用户，还是内部用户都可访问。屏蔽子网的防火墙安全性能高，具有很强的抗攻击能力，但需要的设备多，造价高。

当然，防火墙本身也有其局限性，例如，不能防范绕过防火墙的入侵，一般的防火墙不能防止受到病毒感染的软件或文件的传输，难以避免来自内部的攻击等。总之，防火墙只是一种整体安全防范策略的一部分，仅有防火墙是不够的，安全策略还必须包括全面的安全准则，即网络访问、本地和远程用户认证、拨出拨入呼叫、磁盘和数据加密以及病毒防护等有关的安全策略。

第三节　计算机病毒

一、计算机病毒的特点及分类

计算机病毒是一种计算机程序，是一段可执行的指令代码。就像生物病毒一样，计算机病毒有独特的复制能力，可以很快地蔓延，又非常难以根除。计算机病毒不是来源于突发或偶然的原因。一次突发的停电和偶然的错误，会在计算机的磁盘和内存中产生一些乱码和随机指令，但这些代码是无序和混乱的。计算机病毒则是一段比较完美的、精巧严谨的代码，按照严格的秩序组织起来，并与所在的系统网络环境配合起来对系统进行破坏。多数计算机病毒可以找到作者信息和产地信息，通过大量的资料分析统计来看，编写计算机病毒程序的目的是多种多样的。

计算机病毒在《中华人民共和国计算机信息系统安全保护条例》中被明确定义为："指编制或者在计算机程序中插入的破坏计算机功能或者破坏数据，影响计算机使用并且能够自我复制的一组计算机指令或者程序代码"。

（一）计算机病毒的特点

计算机病毒具有很强的传染性、一定的潜伏性、特定的触发性和很大的破坏性，传染性是病毒的基本特征。在生物界，病毒通过传染从一个生物体扩散到另一个生物体。在适当的条件下，病毒可得到大量繁殖，被感染的生物体表现出病症甚至死亡。同样，计算机病毒也会通过各种渠道从已被感染的计算机扩散到未被感染的计算机，在某些情况下造成被感染的计算机工作失常甚至瘫痪。与生物病毒不同的是，计算机病毒是人为编制的计算机程序代码，这段程序代码一旦进入计算机并得以执行，就会搜寻其他符合其传染条件的程序或存储介质，确定目标后再将自身代码插入其中，达到自我繁殖的目的。只要一台计算机感染病毒，如不及时处理，那么病毒会迅速扩散，该计算机中的大量文件（一般是可执行文件）会被感染。而被感染的文件又成了新的传染源，在与其他计算机进行数据交换或通过网络接触时，病毒会继续进行传染。

正常的计算机程序一般是不会将自身的代码强行连接到其他程序之上的，而计算机病毒却能使自身的代码强行传染到一切符合其传染条件的未受到传染的程序之上。计算机病毒可通过各种可能的渠道，如软盘、计算机网络去传染其他的计算机。如果在一台计算机上发现了病毒，往往曾在这台计算机上用过的软盘已感染上了病毒，而与这台计算机联网的其他计算机可能也被该病毒传染上了。是否具有传染性是判别一个程序是否为计算机病毒的最重要的条件。

潜伏性的第一种表现是指病毒程序不用专用检测程序是检查不出来的，因此病毒可以静静地躲在磁盘或磁带里待上几天，甚至几年，一旦时机成熟，病毒程序得到运行机会，就要四处繁殖、扩散，继续为害。

潜伏性的第二种表现是指计算机病毒的内部往往有一种触发机制，不满足触发条件时，计算机病毒除了传染外不做什么破坏。触发条件一旦得到满足，有的在屏幕上显示信息、图形或特殊标识，有的则执行破坏系统的操作，如格式化磁盘、删除磁盘文件、对数据文件进行加密、封锁键盘以及使系统死机等。

病毒因某个事件或数值的出现，诱使病毒实施感染或进行攻击的特性称为可触发性。为了隐蔽自己，病毒必须潜伏，少做动作。病毒具有预定的触发条件，这些条件可能是时间、日期、文件类型或某些特定数据等。病毒运行时，触发机制检查预定条件是否满足，如果满足，启动感染或破坏动作，使病毒进行感染或攻击；如果不满足，使病毒继续潜伏。

计算机病毒的破坏性主要取决于计算机病毒设计者的目的，如果病毒设计者的目的在于彻底破坏系统的正常运行，那么这种病毒对于计算机系统进行攻击造成的后果是难以设想的，它可以毁掉系统的部分数据，也可以破坏全部数据并使之无法恢复，但并非所有的病毒都对系统产生极其恶劣的破坏作用。有时几种本没有多大破坏作用的病毒交叉感染，也会导致系统崩溃等重大恶果。

（二）计算机病毒的分类

计算机病毒从不同的角度有不同的分类。按危害性分为良性病毒和恶性病毒；按寄生方式分为代替式病毒、链接式病毒、转储式病毒、填充式病毒和覆盖式病毒等。按病毒感染的途径，病毒分为4类。

操作系统型病毒（Operating System Viruses）。这类病毒程序作为操作系统的一个模块在系统中运行，一旦激发，它就工作。例如，它作为操作系统的引导程序时，计算机一旦启动就首先运行病毒程序，然后才启动操作系统程序。

文件型病毒（File Viruses）。文件型病毒攻击的对象是文件，并寄生在文件上。当文件运行时，首先运行病毒程序，然后才运行指定的文件（这类文件一般是可执行文件）。文件型病毒又称为外壳型（Shell Viruses）型病毒，其病毒程序包围在宿主程序的外围，对其宿主程序不修改。

感染文件的病毒有Jerusalem、YankeeDoole、Liberty、1575、Traveller、4096等，主要感染com和exe文件。文件型病毒增加了被感染的文件字节数，并且病毒代码主体没有加密，因此容易被查出和解除。在文件型病毒中，略有对抗反病毒手段的只有YankeeDoole病毒，当它发现用DEBUG工具跟踪时，会自动从文件中逃走。

复合型病毒。复合型病毒既感染文件，又感染引导扇区。如果只解除了文件或硬盘主引导扇区的病毒，则仍会感染系统。解决的方法是从软盘启动系统，然后调用软盘版杀毒软件，同时杀掉硬盘上引导扇区病毒和文件病毒。

宏病毒。宏病毒主要是利用软件本身所提供的宏能力来设病毒，所以凡是具有宏能力的软件都有宏病毒存在的可能，如 Word、Excel。Microsoft Word 中把宏定义为："宏就是能组织到一起作为独立的命令的一系列 Word 命令，它能使日常工作变得更容易。"而 Word 宏病毒利用 Word 的开放性，即 Word 中提供的 Word Basic 编程接口，并能通过 DOC 文档及 DOC 模板进行自我复制及传播。

随着 Office 新版本的推出，微软不断加强宏的功能，宏病毒的危害也就越来越大。Melissa 病毒是利用宏来使 E-mail 管理程序 Outlook 自动根据其通讯录中记录的前 50 个地址发信，而 July Killer 宏病毒的破坏方式则是产生一个只有一句话的 "deltreeycA" 一条指令的 Autoexec,bat 文件来替代现有的该文件，当下次启动计算机时，这条指令就会删除 C 盘中的所有文件，所以宏病毒是一种危害极大的病毒。

二、计算机病毒的工作过程

（一）计算机病毒程序的结构

计算机病毒包括 3 大功能块，即引导模块、传播模块和破坏表现模块。其中，后两个模块各包含一段触发条件检查代码，它们分别检查是否满足传染触发的条件和是否满足表现触发的条件，只有在相应的条件满足时，病毒才会进行传染或表现破坏。必须指出，169 不是任何计算机病毒都必须包括这 3 个模块，有些病毒没有引导模块，而有些病毒没有破坏模块。3 个模块各自的作用是：引导模块将病毒由外存引入内存，使后两个模块处于活动状态；传播模块用来将病毒传染到其他对象上去；破坏表现模块实施病毒的破坏作用，如删除文件、格式化磁盘等，由于该模块中有些病毒并没有明显的恶意破坏作用，只是进行一些视屏或发声方面的自我表现作用，故该模块有时又称为表现模块。

（二）计算机病毒的引导及传染

目前的计算机病毒寄生对象有两种，一是寄生在磁盘的引导区上，二是寄生在可执行文件上。

对于寄生在磁盘引导区的病毒来说，病毒引导程序占用了原引导程序的位置，并将原引导程序转移到一个特定的地方。这样系统一启动，病毒就被引导进内存并获得执行权，然后将病毒的其他两个模块装入内存，采取常驻内存技术以保证这两个模块不会被覆盖，并设定激活方式，使之能在适当的方式下被激活。然后病毒引导程序将系统引导模块装入内存，使系统在带毒状态下工作。

对于寄生在可执行文件中的病毒来说，病毒程序通过修改原有的可执行文件，一般是链接在可执行文件的首部、中间、尾部等，将病毒引导程序引导进内存，该引导程序将病毒的其他两个模块装入内存，并完成驻留内存及初始化工作，然后将执行权交给执行文件，使系统在带病毒的状态下工作。

传染是指计算机病毒由一个载体传播到另一个载体或者由一个系统进入另一个系统的过程。用户在复制磁盘或文件时，把一个病毒由一个载体复制到另一个载体上。或者是通过网络上的信息传递，把一个病毒程序从一方传递到另一方，这种传染方式叫做计算机病毒的被动传染。在病毒处于激活的状态下，只要传染条件满足，病毒程序能主动地把病毒自身传染给另一个载体或另一个系统，这种传染方式叫做计算机病毒的主动传染。

对于病毒的被动传染而言，其传染过程是随着复制磁盘或文件工作的进行而进行的。而对于计算机病毒的主动传染而言，其传染过程是这样的：在系统运行时，病毒通过病毒载体即系统的外存储器进入系统的内存储器，常驻内存，并在系统内存中监视系统的运行。

在病毒引导模块将病毒传播模块驻留内存的过程中，通常还要修改系统中断向量人口地址（例如 INT13H 或 INT21H)，使该中断向量指向病毒程序传播模块。这样，一旦系统执行磁盘读写操作或系统功能调用，病毒传播模块就被激活，传播模块在判断传染条件满足的条件下，利用系统 INT13H 读写磁盘中断把病毒自身传播给被读写的磁盘或被加载的程序，也就是实施病毒的传染，然后再转移到原中断服务程序执行原有的操作。

（三）计算机病毒的触发

进入内存并处于运行状态的病毒，并不是马上就起破坏作用，还要等待一定的触发条件。在触发条件的设置上要兼顾潜伏性与杀伤力，过于苛刻和宽泛都会影响计算机病毒的破坏性。

计算机病毒采用的常见的触发条件有 7 种。

（1）日期触发。许多病毒采用日期做触发条件。日期触发包括特定日期触发、月份触发、前半年后半年触发等。

（2）触发。时间触发包括特定的时间触发、染毒后累计工作时间触发、文件最后写入时间触发等。

（3）键盘触发。有些病毒监视用户的击键动作，出现病毒预定的键人时，病毒被激活，进行某些特定操作。键盘触发包括击键次数触发、组合键触发、热启动触发等。

（4）感染触发。许多病毒的感染需要某些条件触发，而且相当数量的病毒又以与感染有关的信息反过来作为破坏行为的触发条件，称为感染触发。感染触发包括运行感染文件个数触发、感染次数触发、感染磁盘数触发、感染失败触发等。

（5）启动触发。病毒对机器的启动次数计数，并将此值作为触发条件，称为启动触发。

（6）访问磁盘次数触发。病毒对磁盘访问的次数进行计数，以预定次数作为触发条件，称为访问磁盘次数触发。

（7）调用中断功能触发。病毒对中断调用次数计数，以预定次数作为触发条件。

三、计算机防病毒技术

计算机病毒学鼻祖早在 20 世纪 80 年代初期就已经提出了计算机病毒的模型，并证明只要延用现行的计算机体系，计算机病毒就存在不可判定性。杀病毒必须先搜集到病毒样本，使其成为已知病毒，然后剖析病毒，再将病毒传染的过程准确地颠倒过来，使被感染的计算机恢复原状。因此可以看出，一方面计算机病毒是不可灭绝的，另一方面病毒也并不可怕，世界上没有杀不掉的病毒。

从研究的角度，反病毒技术主要分 3 类。

（一）预防病毒技术

预防病毒技术自身常驻系统内存，优先获得系统的控制权，监视和判断系统中是否有病毒存在，进而阻止计算机病毒进入计算机系统和对系统进行破坏。

主要手段包括加密可执行程序、引导区保护、系统监控与读写控制等。

（二）检测病毒技术

通过对计算机病毒的特征来进行判断的侦测技术，如自身校验、关键字等。

（三）消除病毒技术

通过对病毒的分析，杀除病毒并恢复原文件。

从具体实现技术的角度，常用的反病毒技术有 6 种病毒代码扫描法将新发现的病毒加以分析后根据其特征编成病毒代码，加入病毒特征库中。每当执行杀毒程序时，便立刻扫描程序文件，并与病毒代码比对，便能检测到是否有病毒。病毒代码扫描法速度快、效率高。使用特征码技术需要实现一些补充功能，例如近来的压缩包、压缩可执行文件自动查杀技术。大多数防病毒软件均采用这种方法，但是该方法无法检测到未知的新病毒以及变种病毒。

人工智能陷阱法是一种监测计算机行为的常驻式扫描技术。它将所有病毒所产生的行为归纳起来，一旦发现内存的程序有任何不当的行为，系统就会有所警觉，并告知用户。其优点是执行速度快，手续简便，且可以检测到各种病毒；其缺点是程序设计难，且不容易考虑周全。

病毒在每次传染时，都以不同的随机数加密于每个中毒的文件中，传统病毒代码比对的方式根本就无法找到这种病毒。软件模拟技术则成功地模拟 CPU 执行，在其设计的 DOS 虚拟机器（Virtual Machine）下模拟执行病毒的变体引擎解码程序，将多形体病毒解开，使其显露原来的面目，再加以扫描。目前虚拟机的处理对象主要是文件型病毒。对于引导型病毒、Word Excel 宏病毒、木马程序在理论上都是可以通过虚拟机来处理的，但目前的实现水平仍相距甚远。就像病毒编码变形使得传统特征值方法失效一样，针对虚拟机的新病毒可以轻易使得虚拟机失效。虽然虚拟机也会在实践中不断发展。但是，PC 的计算能力有限，防病毒软件的制造成本也有限，而病毒的发展可以说是无限的。让虚拟技术获得更加实际的功效，甚至要以此为基础来清除未知病毒，其难度相当大。

先知扫描法是继软件模拟技术后的一大突破。既然软件模拟可以建立一个保护模式下的 DOS 虚拟机器，模拟 CPU 动作并模拟执行程序以解开变体引擎病毒，那么类似的技术也可以用来分析一般程序检查可疑的病毒代码。因此，VICE 将工程师用来判断程序是否有病毒代码存在的方法，分析归纳成专家系统知识库，再利用软件工程的模拟技术（Software Emulation）假执行新的病毒，就可分析出新病毒代码对付以后的病毒。该技术是专门针对于未知的计算机病毒所设计的，利用这种技术可以直接模拟 CPU 的动作来侦测出某些变种病毒的活动情况，并且研制出该病毒的病毒码。由于该技术较其他解毒技术严谨，对于比较复杂的程序在病毒代码比对上会耗费比较多的时间，所以该技术的应用不那么广泛。

文件宏病毒陷阱法结合了病毒代码扫描与人工智能陷阱技术，根据病毒行为模式来检测已知及未知的宏病毒。其中，配合对象链接与嵌套技术，可将宏与文件分开，加快扫描，并可有效地将宏病毒彻底清除。

主动内核技术（ActiveK）是将已经开发的各种网络防病毒技术从源程序级嵌入到操作系统或网络系统的内核中，实现网络防病毒产品与操作系统的无缝连接。这种技术可以保证网络防病毒模块从系统的底层内核与各种操作系统和应用环境密切协调，确保防毒操作不会伤及操作系统内核，同时确保杀灭病毒的功效。

四、计算机病毒举例

(一)CIH 病毒

CIH 病毒属于文件型病毒，只感染 Windows9x 操作系统下的可执行文件。当受感染的 exe 文件执行后，该病毒便驻留内存中，并感染所接触到的其他 PE（Portable Executable）格式执行程序随着技术更新的频率越来越快，主板生产厂商使用 EPROM 来做 BIOS 的存储器，这是一种可擦写的 ROM。通常所说的 BIOS 升级就是借助特殊程序修改 ROM 中 BIOS 里的固化程序。采用这种可擦写的 EPROM，虽然方便了用户及时对 BIOS 进行升级处理，但同时也给病毒带来了可乘之机。CIH 的破坏性在于它会攻击 BIOS、覆盖硬盘、进入 Windows 内核。

攻击 BIOS。当 CIH 发作时，它会试图向 BIOS 中写入垃圾信息，BIOS 中的内容会被彻底洗去。

覆盖硬盘。CIH 发作时，调节器用 IOS Send Command 直接对硬盘进行存取，将垃圾代码以 208 个扇区为单位，循环写入硬盘，直到所有硬盘上的数据均被破坏为止。

进入 Windows 内核。无论是要攻击 BIOS，还是要设法驻留内存为病毒传播创造条件，对 CIH 这类病毒而言，关键是要进入 Windows 内核，取得核心级控制权。

为防范 CIH 病毒对计算机主板的破坏，需采取一些针对性的措施：修改系统时间，跳过病毒的发作日；有些计算机系统主板具备 BIOS 写保护跳线，但一般设置均为开，可将其拨至关的位置，这样可以防止病毒向 BIOS 写入信息；可采用压缩并解压缩文件的方式检查 CIH 病毒，如果解压缩出现问题，多半可以肯定有 CIHVI2 病毒的存在，但用该方法不能判断文件中是否存在 CIHVI4 病毒；用户不要轻易运行从电子邮件或网站上下载的未知软件，由于病毒是将垃圾码写入硬盘，导致硬盘的数据不能恢复，务必将重要数据备份，以免造成损失。

（二）病毒

蠕虫病毒的编写相对其他形式的病毒程序来说简单一些，它可以用 VB 语言、C 语言或者传统语言来编写，还可以利用 wsh 脚本宿主，用常见的 VBscript 和 Javascript 等语言来编写。但这并不意味着这种程序的破坏性小，相反，它具有极强的破坏能力，并且由于有因特网这个传播的大好场所，蠕虫病毒有着将传统病毒挤出市场的趋势。

蠕虫病毒与一般的计算机病毒不同，它不是将自身复制并附加到其他程序中，所以在病毒中也算是一个另类。包括蠕虫病毒在内的脚本病毒是很容易制造的。其利用了 Windows 系统的开放性，特别是 com 到 com+ 的组件编程思路，一个脚本程序调用功能更大的组件来完成自己的功能。它们相对来说较其他的病毒容易编写。

第四节　黑客的攻击技术简介

黑客是英文 hacker 的音译，hacker 这个单词源于动词 hack，原是指热心于计算机技术且水平高超的计算机专家，尤其是程序设计人员。他们非常精通计算机硬件和软件知识，对操作系统和程序设计语言有着全面深刻地认识，善于探索计算机系统的奥秘，发现系统中的漏洞及原因所在。他们信守永不破坏任何系统的原则，检查系统的完整性和安全性，并乐于与他人共享研究成果。

到今天，黑客一词已被用于泛指那些未经许可就闯入计算机系统进行破坏的人。他们中的一些人利用漏洞进入计算机系统后，破坏重要的数据。另一些人利用黑客技术控制别人的计算机，从中盗取重要资源，干起了非法的勾当。他们已经成了入侵者和破坏者。

造成网络不安全的主要因素是系统、协议及数据库等存在设计上的缺陷。当今的计算机网络操作系统在结构设计和代码设计时，偏重考虑系统使用时的方便性，导致系统在远程访问、权限控制和口令管理等许多方面存在安全漏洞。网络互联一般采用 TCPIP 协议，它是一个工业标准的协议簇，但该协议簇在制订之初对安全问题考虑不多，协议中有很多的安全漏洞。同样，数据库管理系统（DBMS）也存在数据的安全性、权限管理及远程访问等方面问题。例如，在 DBMS 或应用程序中可以预先安装从事情报收集、受控激发、定时发作等破坏程序。

一、黑客的攻击过程

（一）收集信息

黑客在发动攻击前需要锁定目标，了解目标的网络结构，收集目标系统的各种信息等。

1. 锁定目标

网络上有许多主机，黑客首先要寻找目标站点。能真正标识主机的是 IP 地址，黑客利用域名和 IP 地址就可以顺利地找到目标主机。

2. 了解目标的网络结构

确定要攻击的目标后，黑客就会设法了解其所在的网络结构，哪里是网关、路由，哪里有防火墙，哪些主机与要攻击的目标主机关系密切等，最简单的方法就是用 tmcert 命令追踪路由，也可以发一些数据包看其是否能通过，猜测其防火墙过滤原则的设定等。当然老练的黑客在干这些的时候都会利用别的计算机来间接地探测，从而隐藏他们真实的 IP 地址。

3. 收集系统信息

在收集到目标的网络信息之后，黑客会对网络上的每台主机进行全面的系统分析，以寻求该主机的安全漏洞或安全弱点。收集系统信息的方法有：开放端口分析、利用信息服务和利用扫描器。

首先黑客要知道目标主机采用的是什么操作系统的什么版本，如果目标主机开放 Telnet 服务，黑客只要 Telnet 目标主机，就会显示目标主机系统的登录提示信息；接着黑客还会对其开放端口进行服务分析，看是否有能被利用的服务。WWW、Mail、FTP、Telnet 等日常网络服务都有开放的端口，通常情况下 Telnet 服务的端口是 23，WWW 服务的端口是 80，FTP 服务的端口是 23。

利用信息服务，像 SNMP 服务、Traceroute 程序、Whois 服务可以查阅网络系统路由器的路由表，从而了解目标主机所在网络的拓扑结构及其内部细节。Traceroute 程序能够获得到达目标主机所要经过的网络数和路由器数。Whois 协议服务能提供所有有关的 DNS 域和相关的管理参数。Finger 协议可以用 Finger 服务来获取一个指定主机上的所有用户的详细信息（如用户注册名、电话号码、最后注册时间以及用户有没有读邮件等），所以如果没有特殊的需要，管理员应该关闭这些服务。

黑客收集系统信息当然少不了利用扫描器来帮他们发现系统的各种漏洞，包括各种系统服务漏洞、应用软件漏洞、CGI、弱口令用户等。

（二）实施攻击

当黑客探测到了足够的系统信息，对系统的安全弱点有了了解后就会发动攻击，当然他们会根据不同的网络结构不同的系统情况而采用不同的攻击手段。一般黑客攻击的终极目的是能够控制目标系统，窃取其中的机密文件，但并不是每次黑客攻击都能够达到控制目标主机的目的，所以有时黑客也会发动拒绝服务攻击之类的干扰攻击，使系统不能正常工作。

1. 控制主机并清除记录

黑客利用种种手段进入目标主机系统并获得控制权之后，不会马上进行破坏活动，例如，删除数据、涂改网页等。黑客为了能长时间地保留和巩固他对系统的控制权，不被管理员发现，他会做两件事：清除记录和留下后门日志往往会记录一些黑客攻击的蛛丝马迹，黑客当然不会留下这些"犯罪证据"，他会删除日志或用假日志覆盖它。为了日后可以不被觉察地再次进入目标主机的系统，黑客会更改某些系统设置，在系统中置人特洛伊木马或其他一些远程操纵程序，也可能是什么都不动，只是把目标主机的系统作为他存放 175 黑客程序或资料的仓库，还可能利用这台已经攻陷的主机去继续他下一步的攻击，继续入侵内部网络，或者利用这台主机发动 DOS 攻击使网络瘫痪。

2. 黑客常用的攻击方法

计算机系统中存在的安全隐患是黑客进行攻击的地方，黑客创造了多种攻击方法，常用的攻击方法：

（1）口令攻击。口令攻击是黑客的最常用的攻击方法，从黑客诞生的那天起口令攻击就开始被使用，这种攻击方式有 3 种方法。

（2）暴力破解法。黑客在知道用户的账号后用一些专门的软件强行破解用户口令（包括远程登录破解和对密码存储文件 PaSSwd、Sam 的破解）。采用这种方法进行攻击的黑客要有足够的耐心和时间，但总有一些使用简单口令的用户账号，使得黑客可以迅速将其破解。

（3）伪造登录界面法。在被攻击主机上启动一个可执行程序，该程序显示一个伪造的登录界面，当用户在这个伪造的界面上键人用户名和密码后，程序将用户输入的信息传送到攻击者主机。

（4）通过网络监听得到用户口令。这种方法危害性很大，监听者往往能够获得某一个网段的所有用户账号和口令。

（5）特洛伊木马攻击。特洛伊木马程序攻击也是黑客常用的攻击手段。黑客会编写一些看似"合法"的程序，但实际上此程序隐藏有其他非法功能，例如，用户运行一个外表看似是一个有趣的小游戏的程序时，该程序却在后台为黑客创建了一条访问该用户系统的通道，这就是特洛伊木马程序。当然只有当用户运行了木马程序后，黑客才能对用户系统进行攻击，所以黑客会把木马程序上传到一些站点引诱用户下载，或者用 E-mail 寄给用户并编造各种理由骗用户运行它。

（6）漏洞攻击。利用漏洞攻击是黑客攻击中最容易得逞的方法。许多系统及网络应用软件都存在着各种各样的安全漏洞，如 Windows98 的共享目录密码验证漏洞，Windows2000 的 Unicode、printer、ida、idq、webdav 漏洞，UNIX 的 Telnet、RPC 漏洞、Sendmail 的邮件服务软件漏洞，还有基于 Web 服务的各种 CGI 漏洞等，这些都是最容易被黑客利用的系统漏洞，特别是其中的一些缓冲区溢出漏洞。利用缓冲区溢出漏洞，黑客不但可以通过发送特殊的数据包来使服务或系统瘫痪，甚至可以精确地控制溢出后在堆栈中写入的代码，使其能执行黑客的任意命令，从而进入并控制系统。

（7）拒绝服务攻击。拒绝服务攻击（Dos）是一种最悠久也是最常见的攻击形式，它利用 TCPIP 协议的缺陷，将提供服务的网络的资源耗尽，导致网络不能提供正常服务，是一种对网络危害巨大的恶意攻击。其实严格来说拒绝服务攻击并不是某一种具体的攻击方式，而是攻击所表现出来的结果，最终使得目标系统因遭受某种程度的破坏而不能继续提供正常的服务，甚至导致物理上的瘫痪或崩溃。Dos 的攻击方法可以是单一的手段，也可以是多种方式的组合利用，不过其结果都是一样的，即合法的用户无法访问所需信息。

通常单一的拒绝服务攻击可分为两种类型：一种攻击是黑客利用网络协议缺陷或系统漏洞发送一些非法的数据或数据包，使得系统死机或重新启动，从而使一个系统或网络瘫痪，如 Land 攻击、WinNuke、PingofDeath、TearDrop 等；另一种攻击是黑客在短时间内发送大量伪造的连接请求报文到网络服务所在的端口，从而消耗系统的带宽或设备的 CPU 和内存，造成服务器的资源耗尽，系统停止响应甚至崩溃，其中，具有代表性的攻击手段包括 SYNflood、ICMPflood、UDPflood 等。

分布式拒绝服务（DDoS）攻击是目前网络的头号威胁，是在传统的 DoS 攻击基础之上产生的一种攻击方式。单一的 DoS 攻击一般采用一对一攻击，而分布式的拒绝服务攻击是黑客控制多台计算机（可以是几台也可以是成千上万台）同时攻击，这样的攻击即使是一些大网站也很难抵御。

（8）欺骗攻击。常见的黑客欺骗攻击方法有：IP 欺骗攻击、DNS 欺骗邮件欺骗攻击和网页欺骗攻击等。

（9）IP 欺骗攻击。黑客改变自己的 IP 地址，伪装成别人计算机的 IP 地址来获得信息或者得到特权。如 UNIX 计算机之间能建立信任关系，使得这些主机的访问变得容易，而这种信任关系基本上是通过 IP 地址进行验证，这样就知道 IP 欺骗做什么了。

（10）电子邮件欺骗攻击。黑客向某位用户发了一封电子邮件，并且修改了邮件头信息（使得邮件地址看上去和这个系统管理员的邮件地址完全相同），信中他冒称自己是系统管理员，说由于系统服务器故障导致部分用户数据丢失，要求该用户把他的个人信息马上用 E-mail 回复给他，这就是一个典型的电子邮件欺骗攻击。

（11）网页欺骗攻击。黑客将某个站点的网页都复制下来，修改其链接，使得用户访问这些链接时先经过黑客控制的主机，然后黑客会想方设法让用户访问这个修改后的网页，他则监控用户整个 HTTP 请求过程，窃取用户的账号和口令等信息，甚至假冒用户给服务器发送和接收数据。如果这个网页是电子商务站点，那用户的损失可想而知。

（12）嗅探攻击。要了解嗅探攻击方法，首先要知道它的原理。网络的一个特点就是数据总是在流动中，当数据从网络的一台计算机到另一台计算机的时候，通常会经过大量不同的网络设备，在数据传输过程中，有人可能会通过特殊的设备（嗅探器，有硬件和软件两种）捕获这些传输网络数据的报文，这就是嗅探攻击。

嗅探攻击主要有两种途径。一种是针对简单的采用集线器（Hub）连接的局域网，黑客只要把嗅探器安装到这个网络中的任何一台计算机上就可以实现对整个局域网的侦听，这是因为共享 Hub 获得一个子网内需要接收的数据时，并不是直接发送到指定主机，而是通过广播方式发送到每台计算机。正常情况下，数据接受的目标计算机会处理该数据，而其他非接受者的计算机就会过滤这些数据，但安装了嗅探器的计算机则会接受所有数据。另一种是针对交换网络的，由于交换网络的数据是从一台计算机发送到预定的计算机，而不是广播的，所以黑客必须将嗅探器放到像网关服务器、路由器这样的设备上才能监听到网络上的数据。当然这比较困难，但一旦成功就能够获得整个网段的所有用户账号和口令，所以黑客还是会通过其他种种攻击手段来实现它，如通过木马方式将嗅探器发给某个网络管理员，使其不自觉地为攻击者安装嗅探器。

（13）会话劫持攻击。假设某黑客在暗地里等待某位合法用户通过 Telnet 远程登录到一台服务器上，当这位用户成功地提交密码后，黑客就开始接管该用户当前的会话并摇身变成了这个用户，这就是会话劫持攻击。在一次正常的通信过程中，黑客作为第三方参与到其中，或者是在数据流（例如基于 TCP 的会话）里注射额外的信息，或者是将双方的通信模式暗中改变，即从直接联系变成有黑客联系。会话劫持是一种结合了嗅探以及欺骗技术在内的攻击手段，最常见的是 TCP 会话劫持，像 HTTP、FTP、Telnet 都可能被进行会话劫持。

要实现会话劫持，黑客首先必须窥探到正在进行 TCP 通信的两台主机之间传送的报文源 IP、源 TCP 端口号、目的 IP、目的 TCP 端号，从而推算出其中一台主机将要收到的下一个 TCP 报文段中的 seq 和 ackseq 值，这样在该合法主机收到另一台合法主机发送的 TCP 报文前，攻击者根据所截获的信息向该主机发出一个带有净荷的 TCP 报文，如果该主机先收到攻击报文，就可以把合法的 TCP 会话建立在攻击主机与被攻击主机之间。带有净荷的攻击报文能够使被攻击主机对下一个要收到的 TCP 报文中的确认序号（ackseq）的值发生变化，从而使另一台合法的主机向被攻击主机发出的报文被拒绝。

会话劫持攻击避开了被攻击主机对访问者的身份验证和安全认证，从而使黑客能直接进入被攻击主机，对系统安全构成的威胁比较严重。实现会话劫持攻击不但需要复杂的技术，而且还需要精确把握攻击时间，所以会话劫持攻击并不是太常见。

3．黑客的常用工具

黑客工具是指编写出来的用于网络安全方面的工具软件，其功能是支持网络攻击过程。下面对黑客的常用工具进行简单的介绍。

（1）扫描类软件。通过扫描程序，黑客可以找到攻击目标的 IP 地址、开放的端口号、服务器运行的版本、程序中可能存在的漏洞等。根据不同的扫描目的，扫描类软件又分为地址扫描器、端口扫描器、漏洞扫描器 3 个类别。在很多人看来，这些扫描器获得的信息大多数都是没有用处的，然而在黑客看来，扫描器好比黑客的眼睛，它可以让黑客清楚地了解目标，有经验的黑客则可以将目标"摸得一清二楚"，这对于攻击来说是至关重要的。同时扫描器也是网络管理员的得力助手，网络管理员可以通过扫描器了解自己系统的运行状态和可能存在的漏洞，在黑客"下手"之前将系统中的隐患清除，保证服务器的安全稳定。扫描类软件有流光、Super Scan、X-way 等。

（2）系统攻击类软件。主要分为信息炸弹和破坏炸弹。网络上常见的垃圾电子邮件就是这种软件的"杰作"，还有聊天室中经常看到的"踢人"、"骂人"类软件、论坛的垃圾灌水器、系统蓝屏炸弹也都属于此类软件的变异形式。

（3）密码破解类软件。可以帮助黑客寻找系统登录密码，相对于利用漏洞暴力破解密码要简单许多，但效率非常低，黑客无论是使用密码破解软件还是利用漏洞进入系统之后，都达到了入侵的目的。

（4）监听类软件。通过监听，黑客可以截获网络的信息包，之后对加密的信息包进行破解，进而分析包内的数据，获得有关系统的信息；也可以截获个人上网的信息包，获得用户的上网账号、系统账号、电子邮件账号等个人隐私资料。监听类软件有 Sinffit、nc 和 Capture Net 等。

第四章 网络安全策略

第一节 网络安全的风险与需求

一、网络安全的风险

根据网络的应用现状和网络的结构，可以将网络安全风险划分为五个层次，即物理层、系统层、网络层、应用层和安全管理层。

（一）物理层安全风险——物理环境的安全性

物理层安全包括通信线路的安全、物理设备的安全和机房的安全等。网络系统的物理安全风险主要指由系统周边环境和物理特性引起系统设备和线路的不可用，从而造成整个系统的不可用，它是网络安全的前提。

物理层安全风险主要体现在以下几个方面。链路老化或被有意无意地破坏。设备的被盗、被毁坏，设备的运行环境（温度、湿度和烟尘）的影响。因电磁辐射造成信息泄露。设备意外故障、停电等。报警系统的设计不足造成原本可以防止但实际却发生了的事故。地震、火灾、水灾、雷击等自然灾害。

（二）系统层安全风险——操作系统的安全性

这一层次的安全问题来自网络内使用的操作系统（如 WindowsNT,Windows2000,NetWare 等）、数据库，以及相关商用产品的安全漏洞和病毒威胁。

系统层的安全问题主要表现在以下 3 个方面。

操作系统本身的缺陷带来的不安全因素，主要包括身份认证、访问控制、系统漏洞等。对操作系统的安全配置问题。病毒对操作系统的威胁。所以，应正确评估自己所面临的安全风险，并根据安全风险的大小制定相应的安全解决方案。

（三）网络层安全风险——网络的安全性

该层次的安全问题主要体现在网络信息的安全性上，包括网络层身份认证、网络资源的访问控制、数据传输的保密与完整性、远程接入的安全、域名系统的安全、路由系统的安全、入侵检测的手段和网络防病毒等。

（四）数据传输风险

1. 重要业务数据泄露

由于网络数据传输线路之间存在被窃听的危险，同时网络内部也存在着内部攻击行为，包括登录口令在内的一些敏感信息可能被侵袭者搭线窃取和篡改，造成泄密。

如果没有专门的软件或硬件对数据进行控制，所有的通信都将不受限制地进行传输，因此任何一个对通信进行监测的人都可以对通信数据进行截取。这种形式的"攻击"相对比较容易成功，只需使用现在很容易得到的"包检测"软件即可。

2. 重要数据被破坏

由于目前尚无数据库及个人终端的安全保护措施，还不能抵御来自网络上的各种对数据库及个人终端的攻击。一旦不法分子针对网上传输数据做出伪造、删除、窃取、篡改等攻击，都将造成十分严重的影响和损失。

（五）网络边界风险

由于内部网络和外部网络之间存在着互联关系，内部网络就很容易遭到来自外部网络的攻击，存在的安全风险主要有：入侵者通过 Sniffer 等嗅探程序来探测扫描网络及操作系统存在的安全漏洞，如网络地址、应用操作系统的类型、开放的端口类型、系统保存的用户名和口令等安全信息的关键文件等，并通过相应攻击程序对内部网络进行攻击。

入侵者通过网络监听等手段获得内部网络用户的用户名、口令等信息，进而假冒内部合法身份进行非法登录，窃取内部网络的重要信息。

入侵者对内部网络中的重要服务器进行攻击，使得服务器超负荷工作以致拒绝服务甚至系统瘫痪。

（六）应用层安全风险——应用的安全性

该层的安全包括应用软件和数据的安全性，如 Web 服务、电子邮件系统、DNS 等，还包括病毒对系统的威胁。应用系统是动态和不断变化的，应用的安全性也是动态的。因此就需要对不同的应用检测安全漏洞，采取相应的安全措施，降低应用的安全风险。

（七）与 Internet 连接带来的安全隐患

为满足内部员工的上网需求，内部网络与 Internet 直接连接，这样，网络结构信息极易为攻击者所利用。有人可能在未经授权的情况下非法访问公司的内部网络，在窃取信息的同时利用服务器主机所提供的网络服务，发动进一步攻击。即使采用代理服务器进行网络隔离，一旦代理服务器失控，内部网络将直接暴露在 Internet 上，将面临网络黑客攻击的更大威胁。

（八）身份认证漏洞

服务系统登录和主机登录使用的是静态口令，口令在一定时间内是不变的，且在数据库中有存储记录，可重复使用。这样非法用户通过网络窃听、非法数据库访问、穷举攻击、重放攻击等手段很容易得到这种静态口令，然后利用口令可对资源进行非法访问和越权操作。

（九）资源共享

网络应用通常是共享网络资源，如文件共享、打印机共享等，因此就存在着员工有意无意地把硬盘中的重要信息通过目录共享长期暴露在网络上的可能，如果缺少必要的访问控制策略，就有可能被外部人员轻易偷取，或被内部其他员工窃取并传播出去造成泄密。

（十）电子邮件系统

电子邮件为网络用户提供了电子邮件应用。内部网络用户可以通过拨号或其他方式进行电子邮件的发送和接收，这就可能被黑客跟踪或收到携带一些"特洛伊木马"病毒程序的邮件等。由于许多用户安全意识比较淡薄，对一些来历不明的邮件没有警惕性，因而给入侵者提供了机会，给系统带来不安全因素。

（十一）病毒侵害

网络是病毒传播的最好且最快的途径之一。病毒程序可以通过网上下载、电子邮件、使用盗版光盘或软盘、人为投放等传播途径潜入内部网络，因此病毒的危害是不可轻视的。网络中一旦有一台主机受病毒感染，病毒程序就完全可能在极短的时间内迅速扩散，传播到网络上的所有主机，从而造成信息泄露、文件丢失、机器死机等不良后果。

（十二）数据信息

数据安全对政府行业来说尤其重要。数据在广域网线路上传输，很难保证在传输过程中不被非法窃取或篡改。黑客或一些专业间谍，会通过一些手段设法在线路上做些手脚，利用先进技术获得在网上传输的数据信息，从而造成泄密。

（十三）管理层安全风险——管理的安全性

再安全的网络设备都离不开人的管理，再好的安全策略最终要靠人来实现，因此管理是整个网络安全中最为重要的一个环节，对于一个比较庞大和复杂的网络更是如此。因此有必要认真地分析管理所带来的安全风险，并采取相应的安全措施。安全管理包括安全技术和设备管理、安全管理制度、部门与人员的组织规则等。管理的制度化程度极大地影响着整个网络的安全。严格的安全管理制度，明确的部门安全职责划分，合理的人员角色定义，都可以在很大程度上降低其他层次的安全漏洞。

责权不明、管理混乱、安全管理制度不健全以及缺乏可操作性等都可能引起管理安全的风险。在这种情况下，一些员工或管理员可能会随便让一些非本地员工甚至外来人员进入单位网络机房重地，一些员工可能会有意无意泄露他们所知道的一些重要信息，而管理上却没有相应制度来约束。这还会造成当网络出现攻击行为或网络受到其他一些安全威胁时（如内部人员的违规操作等），无法进行实时的检测、监控、报告与预警。同时，当事故发生后，也无法提供黑客攻击行为的追踪线索及破案依据，即缺乏对网络的可控性与可审查性。这就要求必须对网络的访问活动进行多层次的记录，及时发现非法入侵行为。建立全新网络安全机制，必须深刻理解网络并能提供直接的解决方案。因此，最可行的做法是管理制度和解决方案相结合。

二、网络安全的需求

为了保证计算机网络的安全，防止非法入侵对系统的威胁和攻击，正确地确定政策、策略和对策非常重要。要根据系统安全的需求和可能来进行系统安全保密设计，在安全设计的基础上，采取适当的技术组织策略和对策。为此，首先要明确计算机网络的安全需求。

计算机网络的安全需求就是要保证在一定的外部环境下，系统能够正常、安全地工作，也就是说，它是为保证系统资源的安全性、完整性、可靠性、保密性、有效性和合法性，为维护正当的信息活动，以及与应用发展相适应的社会公德和权力，而建立和采取的组织技术措施和方法的总和。

不同的安全风险产生了不同的安全需求，为达到既定的网络安全目标，网络安全的需求应该包括以下几个方面。

（一）物理安全需求

针对重要信息可能会通过电磁辐射或线路干扰等泄露的问题，需要对存放机密信息的机房进行必要的防护，如建设屏蔽室、购置辐射干扰机等。另外，还需通过对重要的设备和系统采取备份等安全措施来进行保护。

（二）访问控制需求

1. 防范非法用户的非法访问

非法用户的非法访问就是黑客或间谍的攻击行为。在没有其他防范措施的情况下，网络的安全主要是靠主机系统自身的安全，如用户名及口令这些简单的控制。但对于用户名及口令的保护方式，对有意攻击的人而言，根本就不是一种障碍。他们可以监听网络上传输的信息，获取用户名及口令或者通过猜测获取用户名及口令。因此，要采取一定的访问控制手段，严格控制只允许合法用户访问合法资源，防范来自非法用户的攻击。

2. 防范合法用户的非授权访问

合法用户的非授权访问是指合法用户在未经授权的情况下访问了他未授权访问的资源。一般来说，每个成员的主机系统中，有一部分信息是可以对外开放的，而有些信息则要求保密或具有一定的隐私性。外部用户被允许正常访问一定的信息，但他可能会通过一些手段越权访问不允许他访问的信息，因而造成他人的信息泄密。所以，还得加强访问控制机制，对服务及访问权限进行严格控制。

3. 防范假冒合法用户的非法访问

从管理和实际需求上，合法用户是可以正常访问被许可的资源的。既然合法用户可以访问资源，那么，入侵者便会在用户下班或关机的情况下，假冒合法用户的 IP 地址或用户名等对资源进行非法访问。因此，必须从访问控制上做到防止假冒合法用户的非法访问。

（三）加密需求

加密传输是网络安全的重要手段之一。信息的泄露很多都是在链路上被搭线窃取，数据也可能因为在链路上被截获或篡改后传输给对方，造成数据的真实性、完整性得不到保证。如果利用加密设备对传输数据进行加密，以密文传输，那么即使在传输过程中被截获，入侵者也读不懂。而且加密设备还能通过先进技术手段，对数据传输过程中的完整性、真实性进行鉴别。为了保证数据的保密性、完整性及可靠性，必须配备加密设备对数据进行加密传输。

（四）安全风险评估需求

网络系统存在各种漏洞，这些漏洞是入侵者攻击屡屡得手的重要因素。入侵者通常都是通过一些程序来探测网络和系统中存在的安全漏洞，然后通过发现的安全漏洞，采取相应技术进行攻击。因此，需要配备网络安全扫描系统检测网络中存在的安全漏洞，对系统的安全风险进行评估，并采用相应的措施弥补系统漏洞，对网络设备等存在的不安全配置重新进行安全配置。

（五）入侵检测需求

许多人认为网络配备了防火墙就安全了，就可以高枕无忧了。其实，这是一种错误的认识。网络安全是整体的、动态的，不是单一产品能够完全实现的。防火墙是实现网络安全最基本、最经济和最有效的措施之一。防火墙可以对所有的访问进行严格的控制（允许、禁止和报警），但防火墙不可能完全防止有些新的攻击或那些不经过防火墙的其他攻击。为确保网络更加安全还应该配备入侵检测系统，对透过防火墙的攻击进行检测并做出相应反应（记录、报警和阻断）。

（六）防病毒需求

计算机病毒的危害性极大并且传播极为迅速，必须配备从单机到服务器的整套防病毒软件，实现全网的病毒安全防护。

（七）安全管理体制需求

健全员工的安全意识可以通过安全常识培训来提高。个人行为的约束只能通过严格的管理体制，并利用法规手段来实现。

第二节　网络安全的目标和管理

一、网络安全的目标

网络安全是一门涉及计算机科学、网络通信技术、密码技术、信息安全技术、应用数学、数论、信息论等多种学科的综合性学科。网络安全的目标主要表现在以下方面。

（一）可靠性

可靠性是网络信息系统能够在规定条件下和规定的时间内完成规定的功能的特性。可靠性是系统安全的最基本要求之一，是所有网络信息系统的建设和运行目标。网络信息系统的可靠性标准主要有 3 种：抗毁性、生存性和有效性。

抗毁性是指系统在人为破坏下的可靠性。比如，部分线路或节点失效后，系统是否仍然能够提供一定程度的服务。增强抗毁性可以有效地避免因各种灾害（战争、地震等）造成的大面积瘫痪事件。

生存性是在随机破坏下系统的可靠性。生存性主要反映随机性破坏和网络拓扑结构对系统可靠性的影响。这里，随机性破坏是指系统部件因为自然老化等造成的自然失效。

有效性是一种基于业务性能的可靠性。有效性主要反映在网络信息系统的部件失效的情况下，满足业务性能要求的程度。比如，网络部件失效虽然没有引起连接性故障，但是却造成质量指标下降、平均延时增加、线路阻塞等现象。

可靠性主要表现在硬件可靠性、软件可靠性、人员可靠性、环境可靠性等方面。硬件可靠性最为直观和常见。软件可靠性是指在规定的时间内，程序成功运行的概率。人员可靠性是指人员成功地完成工作或任务的概率。人员可靠性在整个系统可靠性中扮演重要角色，因为系统失效的大部分原因是人为差错造成的。人的行为要受到生理和心理的影响，受到其技术熟练程度、责任心和品德等素质方面的影响。因此，人员的教育、培养、训练和管理以及合理的人机界面是提高可靠性的重要方面。环境可靠性是指在规定的环境内，保证网络成功运行的概率。这里的环境主要是指自然环境和电磁环境。

（二）可用性

可用性是网络信息可被授权实体访问并按需求使用的特性。即网络信息服务在需要时，允许授权用户或实体使用的特性，或者是网络部分受损或需要降级使用时，仍能为授权用户提供有效服务的特性。可用性是网络信息系统面向用户的安全性能。网络信息系统最基本的功能是向用户提供服务，而用户的需求是随机的、多方面的，有时还有时间要求。可用性一般用系统正常使用时间和整个工作时间之比来度量。

可用性保证用户能正确使用而不拒绝执行或访问。因此要使用可靠性保证和故障诊断技术、识别与检验技术和访问控制技术等。一个性能差、可靠性低、不及时、不安全的系统，是不可能为用户提供良好服务的。例如，网络环境下的拒绝服务会临时降低系统性能，使系统崩溃而需要人工重新启动以及数据永久性丢失。

可用性还应该满足以下要求：身份识别与确认、访问控制（对用户的权限进行控制，只能访问相应权限的资源，防止或限制经隐蔽通道的非法访问。包括自主访问控制和强制访问控制）、业务流控制（利用均分负荷方法，防止业务流量过度集中而引起网络阻塞）、路由选择控制（选择那些稳定可靠的子网、中继线或链路等）、审计跟踪把网络信息系统中发生的所有安全事件情况存储在安全审计跟踪之中，以便分析原因，分清责任，及时采取相应的措施。审计跟踪的信息主要包括：事件类型、被管客体等级、事件时间、事件信息、事件回答以及事件统计等方面的信息。

（三）保密性

广义的保密性是指保守国家机密，或是未经信息拥有者的许可，不得非法泄露该保密信息给非授权人员。狭义的保密性则指利用密码技术对信息进行加密处理，以防止信息泄露和保护信息不为非授权用户掌握。保密性是在可靠性和可用性基础之上，保障网络信息安全的重要手段。这就要求系统能对信息的存储、传输进行加密保护，所采用的加密算法要有足够的保密强度，并有有效的密钥管理措施，在密钥的产生、存储分配、更换、保管、使用和销毁的全过程中，要使密钥难以被窃取，即使被窃取了也难以使用。此外，常用的保密技术还包括防监听（使对手监听不到有用的信息）、防辐射（防止有用信息以各种途径辐射出去）和物理保密（利用各种物理方法，如限制、隔离、掩蔽、控制等措施，保护信息不被泄露）等。

（四）完整性

完整性是网络信息未经授权不能进行改变的特性。即网络信息在存储或传输过程中保持不被偶然或蓄意地删除、修改、伪造、乱序、重放、插入等破坏和丢失的特性。完整性是一种面向信息的安全性，它要求保持信息的原样，即信息的正确生成、正确存储和传输。它是防止信息系统内程序和数据被非法删改、复制和破坏，并保证其真实性和有效性的一种技术手段。完整性分为软件完整性和数据完整性两个方面。

软件完整性是为了防止拷贝或拒绝动态跟踪，而使软件具有唯一的标识；为了防止修改，软件具有的抗分析能力和完整性手段；软件所进行的加密处理。

数据完整性是所有计算机信息系统，以数据服务于用户为首要要求，保证存储或传输的数据不被非法插入、删改、重发或意外事件的破坏，保持数据的完整性和真实性，尤其是那些要求极高的信息，如密钥、口令等。

完整性与保密性不同，保密性要求信息不被泄露给未授权的人，而完整性则要求信息不致受到各种原因的破坏。影响网络信息完整性的主要因素有：设备故障、误码（传输、处理和存储过程中产生的误码，定时的稳定度和精度降低造成的误码，各种干扰源造成的误码）、人为攻击、计算机病毒等。

保障网络信息完整性的主要方法有：

协议。通过各种安全协议可以有效地检测出被复制的信息、被删除的字段、失效的字段和被修改的字段。

纠错编码方法。

密码校验和方法。

数字签名。

公证。请求网络管理或中介机构证明信息的真实性。

（五）不可抵赖性

不可抵赖性也称为不可否认性，在网络信息系统的信息交互过程中，确信参与者的真实同一性，即所有参与者都不可能否认或抵赖曾经完成的操作和承诺。利用信息源证据可以防止发信方不真实地否认已发送信息，利用递交接收证据可以防止收信方事后否认已经接收的信息。

（六）可控性

可控性是对网络信息的传播及内容具有控制能力的特性。信息接收方应能证实它所收到的信息内容和顺序都是真实、合法、有效的，应能检验收到的信息是否过时或为重播的信息。信息交换的双方应能对对方的身份进行鉴别，以保证收到的信息是由确认的对方发送过来的。有权的实体将某项操作权限给予指定代理的过程叫授权。授权过程是可审计的，其内容不可否认。信息传输中信息的发送方可以要求提供回执，但是不能否认从未发过任何信息并声称该信息是接收方伪造的；信息的接收方不能对收到的信息进行任何的修改和伪造，也不能抵赖收到的信息。在信息化的全过程中，每一项操作都应有相应实体承担，操作的一切后果和责任操作都应留有记录，并保留必要的时限以便审查，防止操作者推卸责任。

二、网络安全的管理

网络安全管理既要保证网络用户和网络资源不被非法使用，又要保证网络管理系统本身不被未经授权的访问。网络的安全是有针对性和局限性的，因此对网络安全目标的讨论必须有确定的范围，其基本单位是网络节点或节点集合。网络节点是一个拥有计算机或与网络有关资源的组织，并不是传输概念上的设备（计算机或路由器）。网络节点安全管理涉及的角色包括用户、网络管理员、决策者等。网络安全管理的原则是保护的代价应小于恢复的代价，否则没必要保护。

（一）网络管理员

对于各单位的网络，网络管理员要承担安全管理员的角色。网络管理员采取的安全策略，最重要的是保证服务器的安全和合理分配好各类用户的权限。

具体来说，网络管理员应注意以下几个方面。

（1）网络管理员必须了解整个网络中的重要公共数据（限制写）和机密数据（限制读）是哪些，在哪儿，谁使用，属于哪些人，丢失或泄密会造成怎样的损失。将这些重要数据集中在中心机房的服务器上，并让有安全经验的人进行管理。

（2）定期对各类用户进行安全培训。

（3）设置服务器的 BIOS，不允许从可移动的存储设备（软驱、光驱、ZIP、SCSI 设备等）启动。

（4）通过 BIOS 设置禁用软驱，并设置 BIOS 口令。防止非法用户利用控制台获取敏感数据，以及由软驱感染病毒到服务器。

（5）取消服务器上不用的服务和协议种类。网络上的服务和协议越多网络的安全性就越差。

（6）系统文件和用户数据文件分别存储在不同的卷上，方便日常的安全管理和数据备份。

（7）鼓励用户将数据保存到服务器上。建议用户不应在本地硬盘上共享文件。

（8）限制可登录到有敏感数据的服务器的用户数。在出现问题时可以缩小怀疑范围。

（9）一般不直接给用户授权，而通过用户组分配用户权限。

（10）用户时要分配一个口令，并控制用户"首次登录必须更改口令"，而且新设置的口令最好不低于 6 个字符，以杜绝安全漏洞。

（11）至少对用户的"登录和注销"、"重新启动和关机"及"安全规则更改"等活动进行审计，但过多的审计将影响系统性能。

（二）规章制度

面对网络安全的脆弱性，除了在网络设计上增加安全服务功能，完善系统的安全保密措施外，还必须花大力气加强网络的安全管理，因为诸多的不安全因素恰恰反映在组织管理和人员录用等方面，而这又是计算机网络安全所必须考虑的。针对系统安全管理的复杂度，安全问题的解决办法是建立一套完整可行的安全政策，统一管理和实施这些政策。

（1）实体安全管理制度。

（2）严格执行计算机房管理制度。

（三）建立健全计算机系统软硬件和网络系统的相关数据资料备份工作

做好每天的数据备份和每周的系统全备份，并在发生系统事故时，按所制定的相应的数据破坏或丢失的应急措施进行处理，以使损失减到最小。

系统维护人员在对关键数据进行操作时，应首先对该数据进行备份，以用做安全储备。

定期对计算机和网络系统进行计算机病毒和有害数据检查，一旦发现立即进行清除，如发现不能清除的计算机病毒，则应采取相应的保护措施以阻止病毒危害的扩大，并在 24 小时内采集样本报送主管部门。

（四）做好防火、防盗、防雷等安全保护措施

（1）机房及相关通道的钥匙只由机房成员保管，每日下班前，最后离开的成员必须进行门窗关锁情况的检查。

（2）严格按照计算机的操作规程操作，每日下班前，关闭不用机器的电源。

（3）保持良好的机房运行环境，以及机房内机器设备布线的规范化和合理化。

（4）定期进行防火、防盗、防雷等安全检查，及时发现安全漏洞，并协同相关部门采取清除措施。

（五）信息安全保护管理制度。

（1）加强各部门内部局域网的用户账号管理，并取消或限制局域网系统外部的匿名访

问，以防止对系统的非法入侵。

（2）通过代理服务器访问，加强主机的安全设置。

（3）不运行来历不明的邮件上的可执行文件，以防止感染病毒。

（4）不得利用计算机网络制作、传播、复制有害信息，对反动、黄色的站点应予以屏蔽。

（5）定期审核电子公告系统信息，发现有害信息，应当及时删除。

（6）根据国家有关的法律、法规和政策，对网络用户进行安全教育。

（六）人员管理制度

1. 多人负责原则

所谓多人负责原则，指从事每项与计算机信息网络有关的活动，都必须有两人或多人在场。这些人员应是由系统主管领导指派的，他们忠诚可靠，能胜任此项工作。他们应该签署工作情况记录以证明安全工作是否确已得到保证。

以下各项是与安全有关的活动。

访问控制使用证件的发放与回收、信息处理系统使用的媒介的发放与回收、处理保密信息、硬件和软件的维护、系统软件的设计、实现和修改、重要程序和数据的删除和销毁等。

2. 职责分离原则

在信息处理系统工作的人员不要打听、了解或参与职责以外的任何与安全有关的事情，除非系统主管领导批准。坚持这一基本原则，是希望各工作环节相互制约，降低发生危害事件的可能性。

出于对安全的考虑，下面每组内的两项信息处理工作应当分开。

计算机操作与计算机编程、机密资料的接收和传送、安全管理和系统管理、应用程序和系统程序的编制、访问证件的管理与其他工作、计算机操作与信息处理系统使用媒介的保管等。

3. 任期有限象则

任期有限原则，指担任与计算机信息网络安全工作有关的职务，应有严格的时限。任何人最好不要长期担任与安全有关的职务，应不定期地循环任职，强制实行休假制度，并规定对工作人员进行轮流培训，以使任期有限制度切实可行。

加强管理不仅是必须的，也是尽快提高网络安全保护水平的捷径。根据统计，大量的网络攻击来自系统内部，而防范内部攻击，仅有技术肯定不行。完善的管理可以防止大多数来自内部的攻击，并且适时堵截外部攻击，可以弥补技术手段的不足。

第三节　网络安全策略

网络安全领域既复杂又广泛，任何一个相对完备的分析都将引出各种不同的细节，使人望而生畏。网络安全是指为了保护网络不受来自网络内外的各种危害而采取的防范措施的总和。网络安全策略就是针对网络的实际情况（被保护信息价值、被攻击危险性、可投入的资金），在网络管理的整个过程，具体对各种网络安全措施进行取舍。网络的安全策略可以说是在一定条件下的成本和效率的平衡。虽然网络的具体应用环境不同，但在制定安全策略时应遵循一些总的原则。

简单性原则

网络用户越多，网络管理人员越多，网络拓扑越复杂，采用网络设备种类和软件种类越多，网络提供的服务和捆绑的协议越多，出现安全漏洞的可能性就越大，出现安全问题后找出问题的原因和责任者的难度就越大。安全的网络是相对简单的网络，最不安全的网络可以说是 intenet。

适应性原则

安全策略是在一定条件下采取的安全措施，制定的安全策略必须和网络的实际应用环境相结合的。通常，在一种情况下实施的安全策略到另一环境下就未必适合。例如，校园网环境应该允许匿名登录，而一般的企业网络的安全策略是不允许匿名登录的。

系统性原则

网络的安全管理是一项系统化的工作，必须考虑到整个网络的方方面面。在制定安全策略时，应全面考虑网络上各类用户、各种设备、各种情况，有计划、有准备地采取相应的策略，任何一点疏漏都会造成整个网络安全性的降低。

动态性原则

安全策略是在一定时期内采取的安全措施。被加密信息的生存期越短，可变因素越多，系统的安全性能就越高，如周期性的更换口令和主密钥；安全传输采用一次性的会话密钥；动态选择和使用加密算法等。另一方面，各种密钥攻击和破译手段是在不断发展的，用于破译运算的资源和设备性能也在迅速提高，因此，所谓的"安全"，也只是相对的和暂时的。

安全系统不可能一劳永逸地解决问题，必须具有良好的扩展性，可以根据攻击手段的发展进行相应的更新和升级。

一、网络安全设计的基本原则

计算机网络安全的实质就是安全立法、安全管理和安全技术的综合实施。这三个层次体现了安全策略的限制、监视和保障职能。所以，网络安全是一项涉及众多层面的系统工程，既需要被动防御，又需要主动防御；既需要采取必要的安全技术来抵御各种攻击，又需要规范和创建必要的安全管理模式、规章制度等来约束人们的行为。

这里重点从技术角度讨论如何确定具体应用系统的安全策略。用户要遵循网络安全系统设计的基本原则，采取具体的组织技术措施。在进行网络系统安全方案设计和规划时，应遵循以下原则。

（一）需求、风险、代价平衡分析原则

对任何网络，绝对安全难以达到，也不一定是必要的。对一个网络要进行实际的研究（包括网络的任务、性能、结构、可靠性和可维护性等），并对网络面临的威胁及可能承担的风险进行定性与定量相结合的分析，找出薄弱环节，然后确定系统安全策略，制定规范和措施。这些措施往往是需求、风险和代价综合平衡、相互折中的结果。

（二）综合性、整体性、等级性原则

这要运用系统工程的观点和方法，综合分析网络的安全及具体措施。计算机网络系统中的人员、设备、软件、数据、网络和运行等环节在系统安全中的地位、作用及影响，只有从系统整体的角度去分析，才可能得出有效可行、合理恰当的结论。而且不同方案、不同安全措施的代价、效果不同。采用多种措施时更需要进行综合研究，安全措施主要包括行政法律手段、各种管理制度以及专业技术措施。一个好的安全措施往往是多种方法适当综合的应用结果。

安全系统的"整体原则"是指安全防护、监测和应急恢复。安全系统应该包括三种机制：安全防护机制、安全监测机制、安全恢复机制。安全防护机制是根据具体系统存在的各种安全漏洞和安全威胁采取的相应防护措施，以避免非法攻击。安全监测机制是监测系统的运行情况，及时发现和制止对系统进行的各种攻击。安全恢复机制是在安全防护机制失效的情况下进行的应急处理，这种处理应尽量及时地恢复信息，减少攻击的破坏程度。总之，不同的安全措施其代价、效果对不同网络并不完全相同。计算机网络安全应遵循整体安全原则，根据确定的安全策略制定出合理的网络体系结构及网络安全体系结构。

安全系统的"等级性"原则是指安全层次和安全级别。好的系统必然分为不同级的，包括对信息保密程度分级（安全子网和安全区域）和对系统实现结构分层（应用层、网络层、链路层等）等，以便针对不同级别的安全对象，提供全面的、可选的安全算法和安全体制，以满足网络中不同层次的各种实际需求。

（三）一致性原则

一致性原则主要是指网络安全问题应与整个网络的工作周期（或生命周期）同时存在，制定的安全体系结构必须与网络的安全需求相一致。安全的网络系统设计（包括初步设计或详细设计）及实施计划，网络验证、验收、运行等，都要有安全的内容及措施。实际上，在网络建设的开始就考虑网络安全对策，要比在网络建设好后再考虑安全措施要容易，且花费也少得多。

（四）方便用户原则

计算机网络安全的许多措施需要人去完成，如果措施过于复杂，就会导致完成安全保密操作规程的要求过高和对人的要求过高，反而降低了系统安全性。例如，密钥、口令的使用，如果位数过多则会加大了记忆难度，带来许多问题。其次，措施的采用不能影响系统的正常运行，如采取极大的降低运行速度的密码算法时就要慎重。

（五）灵活性原则

计算机网络安全措施要留有余地，要能比较容易地适应系统变化。因为种种原因，系统需求、系统面临的风险都在变化，安全保密措施一定要考虑到出现不安全情况时的应急措施、隔离措施、快速恢复措施，以限制事态的扩展。因此，安全措施一定要能随着网络性能及安全需求的变化而变化，要容易适应、容易修改和升级。

（六）木桶原则

安全系统的"木桶原则"是指对信息进行均衡、全面地安全保护。系统本身在物理上、操作上和管理上的种种漏洞构成了安全脆弱性，尤其是多用户网络系统自身的复杂性、资源共享性使单纯的技术保护防不胜防。攻击者使用的是"最易渗透原则"，必然在系统中最薄弱的地方进行攻击。因此，充分、全面、完整地对系统进行安全保护是系统安全的前提条件。安全服务设计的首要目的是防止最常用的攻击手段，其根本目标是提高整个系统的"安全最低点"的安全性能。

（七）有效性原则

安全系统的有效性原则是指不能影响系统正常运行和合法用户的操作。信息安全和信息共享存在一个矛盾：一方面，为健全和弥补系统缺陷的漏洞，会采取多种技术手段和管理措施；另一方面，势必给系统的运行和用户的使用造成了负担和麻烦，尤其在网络环境下，实时性要求很高的业务是不能容忍安全连接和安全处理造成的延时和数据扩张。如何在确保安全的基础上，把安全处理的运算量减少或分摊，减少用户记忆、存储工作和安全服务器的存储量、计算量，是一个安全系统设计者主要解决的问题。

（八）安全性评价原则

安全系统的"安全性评价"原则是指实用安全性与用户需求和应用环境紧密相关。除了并不实用的一次性密钥体制以外，所有的密钥算法在理论上都是不安全的。因此，评价安全系统是否安全，没有绝对的评判标准和衡量指标，只能决定于系统的用户需求和具体的应用环境。这取决于以下几个因素。

1. 系统的规模和范围

局部性的、中小型的系统和地区性的、全国范围的大型网络的系统对安全的需求肯定是不同的。

2. 系统性质和信息的重要程度

如商业性的普通信息网络、电子金融性质的通信网络、行政公文性质的管理系统等，其性质和信息的重要程度各不相同。另外，具体的用户会根据实际应用提出一定的需求，如强调运算实时性或注重信息的完整性和真实性等。

上述原则对网络安全系统的设计具有一定的指导和参考价值，这方面的研究会随着网络安全技术的发展而进一步完善。

二、网络硬件安全策略

（一）物理安全

物理安全是指用一些装置和应用程序来保护计算机硬件和存储介质的安全。比如在计算机下面安装将计算机固定在桌子上的安全托盘、硬盘震动保护器等。物理安全非常重要，它负责保护计算机网络设备、设施以及其他媒体免遭地震、水灾、火灾等环境事故，以及人为操作失误、错误和各种计算机犯罪行为导致的破坏过程。它主要包括以下 3 个方面。

（二）环境安全

对系统所在环境的安全保护，如区域保护和灾难保护。参见国家标准 GB50173—93《电子计算机机房设计规范》、国标 GB2887—89《计算站场地技术条件》、GB9361—88《计算站场地安全要求》。

（三）设备安全

主要包括设备的防盗、防毁、防电磁信息辐射泄漏、防止线路截获、抗电磁干扰及电源保护等。

（四）媒体安全

包括媒体数据的安全及媒体本身的安全。

为保证信息网络系统的物理安全，除在网络规划和场地、环境等要求之外，还要防止系统信息在空间的扩散。计算机系统通过电磁辐射使信息被截获而失密的案例已经很多，在理论和技术支持下的验证工作也证实这种截取距离在几百甚至可达千米的复原显示，给计算机系统信息的保密工作带来了极大的危害。为了防止系统中的信息在空间上的扩散，通常在物理上采取一定的防护措施，来减少或干扰扩散出去的空间信号。这是重要的政策、军队、金融机构在兴建信息中心时的首要设置条件。

正常的防范措施主要在 4 个方面。

对主机房及重要信息存储、收发部门进行屏蔽处理，即建设一个具有高效屏蔽效能的屏蔽室，用它来安装运行的主要设备，以防止磁鼓、磁带与高辐射设备等的信号外泄。为提高屏蔽室的效能，在屏蔽室与外界的各项联系、连接中均要采取相应的隔离措施和设计，如信号线、电话线、空调、消防控制线，以及通风管道、门的开关等。

对本地网、局域网传输线路传导辐射的抑制。由于电缆传输辐射信息的不可避免性，现均采用了光缆传输的方式，大多数均在 Modem 出来的设备用光电转换接口，用光缆接出屏蔽室外进行传输。

对终端设备辐射的措施。终端机，尤其是 CRT 显示器，由于上万伏高压电子流的作用，辐射有极强的信号外泄，但又因终端分散使用不宜集中采用屏蔽室的办法来防止，故现在的要求除在订购设备上尽量选取低辐射产品外，目前主要采取主动式的干扰设备如干扰机来破坏对应信息的窃取，个别重要的首脑或集中的终端也可考虑采用有窗子的装饰性屏蔽室，这样虽降低了部分屏蔽效能，但可大大改善工作环境，使人感到在普通机房内一样工作。

保安。主要指防盗、防火等，还包括网络系统中所有的网络设备、计算机、安全设备的安全防护。

三、网络安全

网络安全主要包括主机与服务器的安全、网络运行安全、局域网和子网的安全，可采用如下一些措施予以保证。

（一）安装防火墙

防火墙安装和投入使用后，要想充分发挥它的安全防护作用必须对它进行跟踪和维护，及时根据厂家的动态对防火墙进行更新。影响防火墙安全性能的因素很多，因为它只能防护经过它的非法访问和攻击，而对不经过防火墙的访问和攻击则无能为力，除此之外，还需要特别注意的是防火墙也可能被内部攻击。

为防止外部攻击者对系统进行攻击，一般在防火墙的外部安装报警系统，监视各种攻击行为并采取相应措施。应该强调的是，防火墙是整体安全防护体系的一个重要组成部分，而不是全部。因此必须将防火墙的安全保护融合到系统的整体安全策略中，才能实现真正的安全。

（二）网络防病毒

网络防病毒可以从以下两方面入手：一是工作站，二是服务器。为了防止病毒从工作站侵入，可以采取以下措施：使用无盘工作站、安装带防病毒芯片的网卡、单机防病毒卡或网络防病毒软件。由于实际局域网中可能有多个服务器，为了方便多服务器的网络防病毒工作，可以将多个服务器组织在一个"域"中，网络管理员只需要在域中主服务器上安装网络防病毒软件并设置扫描方式和扫描选项，就可以检查域中多个服务器或工作站是否带病毒。

（三）采用数据传输安全系统

在通信连接上可以采用虚拟专网（VPN）技术，保证信息可以安全地在不可信任的Internet上传输。

（四）进行网络安全检测

网络系统的安全性是网络系统中最薄弱的环节。如何及时发现网络系统中最薄弱的环节，如何最大限度地保证网络系统的安全，最有效的方法是定期对网络系统进行安全性分析，及时发现并修正存在的弱点和漏洞。

网络安全检测工具通常是一个网络安全性评估分析软件，其功能是扫描分析网络系统，检查报告网络系统存在的弱点和漏洞，建议监测补救措施和安全策略，从而达到增加网络安全性的目的。

（五）建立审计记录

审计记录是用户使用计算机网络系统进行所有活动的过程，它是提高安全性的重要工具。它不仅能够识别谁访问了系统，还能指出系统正被怎样地使用。对于确定是否有网络攻击的情况，审计信息对于确定问题和攻击源很重要。同时，系统事件的记录能够更迅速和系统地识别问题，并且它是后面阶段事故处理的重要依据。另外，通过对安全事件的不断收集与积累，并且加以分析，就可以有选择性地对其中的某些站点或用户进行审计跟踪，以便对发现或可能产生的破坏性行为提供有力的证据。因此，除使用一般的网管软件和系统监控管理系统外，还应使用目前较为成熟的网络监控设备或实时入侵检测设备，以便对进出各级局域网的常见操作进行实时检查、监控、报警和阻断，从而防止针对网络的攻击与犯罪行为。

（六）定期进行系统备份

备份系统为一个目的而存在：尽可能快地全盘恢复运行计算机系统所需的数据和系统信息。根据系统安全需求可选择的备份机制有：场地内高速度、大容量自动的数据存储、备份与恢复；场地外的数据存储、备份与恢复；对系统设备的备份。备份不仅在网络系统硬件故障或人为失误时起到保护作用，也在入侵者非授权访问或对网络攻击及破坏数据完整性时起到保护作用，同时也是系统灾难恢复的前提之一。

在进行备份的过程中，常使用备份软件，它一般应具有以下功能。

（1）保证备份数据的完整性，并具有对备份介质的管理能力。

（2）支持多种备份方式，可以定时自动备份，还可设置备份自动启动和停止日期。

（3）支持多种校验手段（如字节校验、CRC 循环冗余校验、快速磁带扫描），以保证备份的正确性。

（4）提供联机数据备份功能。

（5）支持 RAID 容错技术和图像备份功能。

四、网络信息安全策略

信息安全就是要保证数据的机密性、完整性、抗否认性和可用性，包括信息传输的安全，信息存储的安全、对网络传输信息内容的审计等。

（一）信息传输安全

1. 数据传输加密技术

数据传输加密技术的目的是对传输中的数据流加密，以防止通信线路上窃听、泄露、篡改和破坏。

2. 数据完整性鉴别技术

对于动态传输的信息，网络协议确保信息完整性的方法大多是采用收错重传、丢弃后续包的办法。但黑客的攻击可以改变信息包内部的内容，所以应采取有效的措施如数据完整性鉴别技术来进行完整性控制，包括报文鉴别、加密校验和、消息完整性编码和防抵赖技术等。

鉴于为保障数据传输的安全，需采用数据传输加密技术和数据完整性鉴别技术。因此为节省投资、简化系统配置、便于管理、使用方便，有必要选取集成的安全保密技术措施及设备。这种设备应能够为大型网络系统的主机或重点服务器提供加密服务，为应用系统提供安全性强的数字签名和自动密钥分发功能，支持多种单向散列函数和检验码算法，以实现对数据完整性的鉴别。

（二）信息存储安全

在网络系统中存储的信息主要包括纯粹的数据信息和各种功能信息两大类。对纯粹数据信息的安全保护中，以数据库信息的保护最为典型。而对各种功能文件信息的保护中，终端安全很重要。

信息内容的审计是一个安全的网络必须支持的功能特性。计算机网络的审计系统应该由网络层次的审计、系统层次的审计和信息内容审计三个层次组成。网络层次的审计可以利用防火墙的审计功能、网络监控和入侵检测系统来实现。系统层次的安全审计主要利用操作系统和应用软件系统的审计功能实现，包括用户访问时间、操作记录、系统运行信息、资源占用情况等。信息内容的审计是审计工作的重点，它用于防治内部敏感信息的泄露和外部不良信息的流入。

五、网络管理安全策略

严格的管理是保证网络安全的重要措施。在网络安全系统中，除了采用技术措施外，加强网络的安全管理，制定有关规章制度，对于确保网络的安全、可靠地运行，将起到十分有效的作用。

主要的网络安全管理策略介绍如下所述。

（一）从思想上提离网络安全意识

加强网络安全意识，让网络安全意识深入到每一个关联用户的心中。目前许多用户的网络安全意识薄弱，安全知识缺乏，以至于有时系统的破坏往往是因内部工作人员非恶意破坏造成的。因此应建立全体人员的网络系统安全保护意识，做到保护数据人人有责的意识深入人心。

（二）针对软件系统本身的管理策略

尽量做到使用软件的最新版本，跟踪所用系统的研发信息，及时升级或安装补丁程序。

（三）针对网络系统的管理策略

网络是一条数据高速公路，用来方便对计算机系统的访问，而安全措施却用来控制访问，制定网络安全策略就是在方便访问与控制访问之间进行权衡。

对一个系统制定一个有效的网络安全策略，首先要评估系统连接中所表现出的各种威胁。与网络连通性相关的安全威胁不外乎以下 3 种类型。

非授权访问——非授权人的入侵。

信息泄露——将有价值的和高度机密的信息泄露给无权访问该信息的人。

拒绝服务——使得系统难以或不可能继续执行任务。

对大多数单位来说，除非入侵涉及到信息泄露和拒绝，否则非授权访问不是一个主要问题。对信息泄露威胁的评估取决于信息的类型，一般的非关键信息可以利用操作系统的功能提供保护，而对那些敏感的关键信息，就要采取更为严格的保护措施。如果拒绝服务将影响多用户或单位内的主要任务，那么，在将此系统连接到 totemet 之前，必须慎重考虑。

（四）针对计算机病毒的管理策略

（1）安装全方位的病毒防卫系统，及时进行升级，并安装防火墙，进行实时监控。

（2）当发生病毒感染情况时，应及时通知系统管理员进行处理。

（3）做好文件备份。如果病毒破坏了文件，可通过备份文件来恢复。

（4）把防病毒软件介绍给用户，让安全维护成为每个用户的责任。

（5）针对人为可控制因素的管理。

从某种意义上讲，缺少安全管理是造成系统不安全的最直接因素。因此，必须制定一套完整的安全管理制度，如外来人员网络访问制度、服务器机房出入管理制度、管理员网络维护管理制度，并且对于安全等级要求较高的系统，要实行分区控制，限制工作人员出入与己无关的区域。出入管理可采用证件识别或安装自动识别登记系统，采用磁卡、身份卡等手段，对人员进行识别、登记管理。安全管理制度可约束普通用户等网络访问者，督促管理员很好地完成自身的工作，增强大家的网络安全意识，防止因粗心大意或不贯彻制度而导致安全事故。尤其要注意制度的监督贯彻执行，否则制度就形同虚设。

（五）建立网络安全领导小组

要从上到下把网络安全重视起来，由行政领导牵头，技术部门负责，系统和安全管理员参与，成立安全管理领导监督小组。安全管理领导监督小组监督网络安全项目的建设并参与管理，负责贯彻国家有关网络安全的法律、法规，落实各项网络安全措施。

（六）建立完善的安全保障体系

建立完善的安全保障体系是系统安全所必需的，如管理人员安全培训、可靠的数据备份、紧急事件响应措施、定期系统的安全评估及更新升级系统，这些都为系统的安全提供了有力的保障；建立人员雇用和解聘制度，对工作调动和离职人员要及时调整相应的授权，确保系统一直处于最佳的安全状态。

（七）选择一个好的安全顾问公司

事实上，面对网络攻击，一般的企业、政府、教育和科研部门没有精力也没必要对网络安全进行大量的人力和物力投入，可以聘请安全咨询顾问公司来完成网络安全方面的工作，既节省投资又能得到最好的效果。

选择安全顾问公司要非常谨慎，要从安全公司的背景、理念、实力、管理等多方面进行考察。不仅要看一个安全顾问公司的技术和资金实力，而且还要看公司人员的组成。因为一旦系统交给了安全顾问公司，系统就等于对其百分之百地开放，但大多网络安全顾问公司人员参差不齐，即便技术和资金实力很强，但若管理不善，人员流失较大，就会使得其客户的系统资料处于不可控状态，从而带来极大的安全隐患。

网络安全策略的制定和技术力量的充实只是使网络安全有了可能，但使其成为现实并不断保持尚需要在管理上花工夫，因为落实管理是实现网络安全的关键。

第四节　网络安全解决方案

网络安全是一项系统工程，它既涉及对外部攻击的有效防范，又包括制定完善的内部安全保障制度；既涉及防病毒攻击，又涵盖实时检测、防黑客攻击等内容。因此，网络安全解决方案不应仅仅提供对于某种安全隐患的防范能力，而是应涵盖对于各种可能造成网络安全问题隐患的整体防范能力。网络安全不仅涉及网络系统的多个层次和多个方面，而且还是个动态变化的过程，因此它还应该是一种动态的解决方案，能够随着网络安全需求的增加而不断改进和完善。

从目前网络安全厂商所提供的安全解决方案来看，现有解决方案具有以下特征。

一、解决方案的整体性

现有解决方案基本上融合了防杀病毒、防火墙、信息加密、安全认证，以及入侵检测和网络安全评估等全线安全产品和服务，在此基础上，有些厂商还加入了自己开发的数据恢复功能。

二、构建基于企业自身的核心产品和技术

为了突出自身产品的价值和地位，现有解决方案提供商基本上是以自有产品作为解决方案的核心，而把其他厂商的产品作为解决方案必不可少的组成部分。

三、集中于特定行业

现有网络安全解决方案所面向的行业主要集中于金融、证券、电信和政府部门，有些厂商还提出了面向城域网的安全解决方案，而面向广大中小企业级的解决方案则相对较少。

四、安全服务已成为解决方案的重要组成部分

在现有网络安全解决方案中，有相当数量的厂商都已经把提供安全服务作为解决方案的一部分。现有安全服务包括两种形式：一是作为产品形式而存在的服务，如网络安全评估、系统安全评估等；二是专业化的服务，包括系统设计、用户培训、系统实施、系统维

护等。为用户提供全面的安全服务已成为安全产品厂商拓展市场、取得可持续发展的重要赢利模式之一。

案例 1　企业网络安全解决方案

网络应用已渗透到各个领域，大量企事业单位也在通过网络与用户及其他相关行业单位之间进行信息交流，提供各种网上的产品与服务。但在这些网络用户中，不乏竞争对手和恶意破坏者，他们可能会不断地寻找系统内部网络上的漏洞，企图潜入内部网络。一旦网络被人攻破，机密的数据、资料可能会被盗取，网络可能会被破坏，给系统带来难以预测的损失。因此，在设计企业网络安全方案的时候（考虑采用防止外网用户入侵的防火墙产品非常重要。本节以"天网"防火墙为例来构造一个企业的网络安全解决方案。

1. "天网"防火墙的特点

软硬件一体化的结构。

"天网"防火墙对用户来说，只是一个类似路由器的硬件设备，整体系统采用黑盒设计，防火墙系统与硬件紧密结合，可发挥硬件的最高效能，减少由于操作系统问题而产生网络漏洞的可能，提高系统自身的安全性。

快速安装功能。

传统的防火墙在安装时极为麻烦，首先需要安装操作系统，调整网络参数，安装防火墙软件，然后进行网络参数设置。系统管理员如果没有经过专门的培训，在短时间内安装好防火墙几乎是不可能的事情。"天网"防火墙具有快速安装的特性，可以实现从上架安装、连接网线、上电、参数设置完毕的整个过程不超过 15 分钟。

基于浏览器的 Web 管理界面。

通常一个小型企业并没有一个防火墙专家来专门负责防火墙方面的工作，"天网"防火墙具有多语言支持和简单易用的 Web 界面设置，使管理员花较少的时间能够熟练地掌握系统，操作简单，管理方便，只要具有一定的网络相关知识即可。

完善的访问控制功能。

"天网"防火墙具有灵活完善的网络访问控制功能，不仅包括现有的所有网络服务，同时也可以兼顾将来各种新的网络服务，在有效地保障企业网络安全的前提下又能保证各种网络服务的畅通无阻。

MAC 地址绑定。

"天网"防火墙所具有的 MAC 地址绑定功能可以很好地解决内部网络的地址资源的分配问题。当网络用户被分配或自行设定一个 IP 地址以后，防火墙系统就能接收到相应的地址广播，在防火墙系统上列出相应的 IP 地址与 MAC 地址，并可以选择是否把这个 IP 地址与相应的 MAC 地址绑定，这样可限定 IP 地址只能在一台指定的工作站上使用，既可以防止 IP 地址冒用，也方便了日常网络的 IP 地址管理。

支持第三区域网络。

在只拥有一套传统防火墙的情况下，通常无法实现对多个网络的同时保护，"天网"防火墙附加的第三个网络接口的灵活规则，可轻松地处理好三个物理网络间的关系，不但节省了企业的投资，还同时保护了多个网络的安全，而且可以避免因为内部网络的不当操作而影响服务器的正常运作。

NAT方式节省网络地址资源。

对于一个小型网络来说，可申请的IP地址不会太多，如果网络中的每一台设备都需要一个IP地址，会造成IP地址的严重不足。"天网"防火墙提供的网络地址转换（NAT）功能不仅可以隐藏内部网络的地址信息，使外界无法直接访问内部网络设备，同时，它还帮助网络可以超越地址的限制，合理地安排网络中的公有Internet地址和私有IP地址的使用。通过NAT功能，"天网"防火墙系统可以帮助采用私有地址的内部网络用户顺利地访问Internet的信息资源，不但不会造成任何网络应用的阻碍，同时还大量节省了网络地址资源。

2. 网络安全解决方案

用户需求分析。

按照服务性质和管理区域划分，用户网络分为以下3个部分。

内部网络。提供内部用户日常办公操作环境。

DMZ（非军事区）网络。提供各种信息服务。

外部网络。提供到Internet的连接。

"天网"防火墙主要应用在企业内部信息发布和Internet应用中，其安全策略是先关闭全部服务和端口，然后开放部分服务和端口。

网络结构。

它将现有网络划分为物理上相互独立的三个网段，即公共网段（Public_Network）、非军事区网段（DMZ_Network）和私有网段（Private_Network）。其中，公共网段提供面向Internet的广域网连接和其他外部网络访问的支持；非军事区网段存放各种数据库、FTP-Web服务器和企业内部业务信息服务器，提供多种面向Internet的应用服务；内部私有网段保障本地用户安全地访问外部网络资源，以及对非军事区内各服务提供设备进行更新和维护。

安全策略。

制定安全策略目的为：

划分安全区域。

制定安全策略，包括用户访问控制。

定义访问级别，确定服务类型。

审法和过滤，仅符合安全策略的访问和响应过程可以通过，拒绝其他访问请求。

根据对用户需求的分析，企业内部网络可以划分为：内部网段、公共网段和外部网段，分属三个安全区域的网段通过"天网"防火墙进行互联。

安全区域需要进行审核和过滤的应用和服务类型。

（4）防火墙的配置。

根据网络安全解决方案中的用户需求、网络拓扑结构和制定的安全策略，防火墙的配置。

（5）网络安全特性检测。

网络安全检测（包含对网络设备、防火墙、服务器、主机、操作系统等的安全检测）是指使用网络安全检测工具和实践性的方法扫描分析网络系统，检查报告系统存在的弱点和漏洞，建议补救措施和安全策略，达到增强网络安全性的目的。一般在关键业务网络系统中，应配置功能较强的网络安全检测或分析软件，并通过这些软件定期地对整个网络系统的扫描分析，及时地对网络安全状况进行评估，并根据分析结果来合理制定或调整网络安全策略。

案例 2　电子商务网络安全解决方案

对于大多数人来说，电子商务就是在 WWW 上购物，电子商务其实并不局限在 WWW 上购物，其内容包含两个方面：一是电子方式，二是商贸活动。电子商务指的是利用简单、快捷、低成本的电子通信方式，买卖双方进行各种商贸活动。

电子商务可以通过多种电子通信方式来完成。简单说，比如你通过打电话或发传真的方式来与客户进行商贸活动，似乎也可以称为电子商务。但是，现在人们所探讨的电子商务主要是以 EDI（电子数据交换）和 Internet 来完成的。尤其是随着 Internet 技术的日益成熟，电子商务真正的发展将是建立在 Internet 技术上的。所以，也有人把电子商务简称为 IC（Internet Commerce）。

要实现完整的电子商务会涉及到很多方面，除了买家、卖家外，还要有银行或金融机构、政府机构、认证机构、配送中心等机构的加入才行。由于参与电子商务中的各方在物理上可以互不谋面，因此整个电子商务过程并不是物理世界商务活动的翻版，网上银行、在线电子支付等条件和数据加密、电子签名等技术在电子商务中发挥着重要的不可或缺的作用。

电子商务要求将商务信息在 Internet 上传输，在功能上要求实现实时账户信息查询，这就使电子商务系统必须在物理上与外部的 Internet 进行连接，这对于电子商务系统的安全性提出了更高的要求，必须保证外部网络用户不能对业务系统构成威胁。为此，需要全方位地制定系统的安全策略。

1. 与网络安全相关的因素

网络安全是指网络系统的硬件、软件及其系统中的数据受到保护，不受偶然的或者恶意的原因而遭到破坏、更改、泄露，系统能连续、可靠、正常地运行，网络服务不中断。为了保证网络的安全，必须注意以下四个方面。

运行系统的安全。

网络上系统信息的安全。

网络上信息传播的安全。

网络上信息内容的安全。

为了保证这些方面的安全，通常会使用一些网络安全产品，如防火墙、VPN、数字签名等。这些安全产品和技术的使用可以从一定程度上满足网络安全需求，但不能满足整体的安全需求。因为它们只能保护特定的某一方面，如防火墙的最主要的功能就是访问控制功能，VPN 可以实现加密传输，数字签名技术可以保证用户身份的真实性和不可抵赖性等。而对于网络系统来讲，它需要的是一种整体的安全策略，这个策略不仅包括安全保护，还应该包括安全管理、实时监控、响应和恢复措施。

2. 电子商务安全的整体架构

本节介绍的电子商务安全整体架构可以用"一个中心，四个基本点"进行概括。一个中心就是以安全管理为中心，四个基本点就是保护、监控、响应和恢复。这种架构机制包括了从保护到在线监控，到响应和恢复的各个方面，它是一种层层防御的机制，即使第一道大门被攻破了，还会有第二道、第三道大门，甚至即使所有的大门都被攻破了，还有恢复措施，因此这种架构可以为用户构筑一个整体的安全方案。

（1）安全管理。

安全管理就是通过一些管理手段来达到保护网络安全的目的。它包含安全管理制度的制定、实施和监督；安全策略的制定、实施、评估和修改；以及对人员的安全意识的培训、教育等。

（2）保护。

所谓保护是采用一些网络安全产品、工具和技术保护网络系统、数据和用户，这种保护可以称为静态保护，它通常是指一些基本防护，不具有实时性。如果在制定的安全策略中不允许外部网络用户访问内部网络的 Web 服务器的话，那么就在防火墙的规则中增加一条规则，既禁止所有从外部网络用户到内部网络 Web 服务器的连接请求，这样会使这条规则一直有效。这样的保护可以预防已知的一些安全威胁，而且通常这些威胁不会发生变化。

（3）监控审计。

监控是指实时监控网络上正在发生的事情。审计一直被认为是经典安全模型的一个重要组成部分，它是首先记录通过网络的所有数据包，然后对数据包进行分析，帮助查找已知的攻击手段和可疑的破坏行为，来达到保护网络的目的。

监控和审计是实时保护的一种策略，它主要满足一种动态安全的需求。因为网络安全技术在发展的同时，黑客技术也在不断的发展，因此网络安全不是一成不变的，也许今天安全，明天就会变得不安全，因此应该时刻关注网络安全的发展动向以及网络上发生的各种各样的事情，以便及时发现新的攻击，制定新的安全策略。有些人可能会认为这样就不需要基本的安全保护，这种想法是错误的，因为安全保护是基本的，监控和审计是其有效的补充，只有这两者有效结合，才能够满足动态安全的需要。

（4）响应。

响应是整个安全架构中的重要组成部分，它指当攻击正在发生时，能够及时做出响应，如向管理员报告，或者自动阻断连接等，防止攻击进一步的发生。因为有时即使网络构筑的相当安全，攻击或非法事件也是不可避免地要发生，所以当攻击或非法事件发生的时候，应该有一种机制对此做出反应，以便让管理员及时了解什么时候网络遭到了攻击，攻击的行为是什么样的，攻击的结果如何，应该采取什么样的措施来修补安全策略，弥补这次攻击的损失，以及防止此类攻击再次发生。

（5）恢复。

当入侵发生后，对系统造成了一定的破坏，如网络不能正常工作、系统数据被破坏等。这时，必须有一套机制来及时恢复系统正常工作，因此恢复在电子商务安全的整体架构中也是不可缺少的一个组成部分。恢复是最终措施，因为攻击发生之后，系统也相应地遭到了破坏，这时最重要的就是让系统以最快的速度运行起来，否则损失将更为严重。

3. 安全架构的工作机制

在这个安全架构中，上述 5 个方面是如何协调工作的呢？下面用一个例子来进行分析。假设有一个黑客欲攻击某个内部网络，这个内部网络的整体安全架构就如前面介绍的一样，下面就是这个安全架构进行抵制黑客攻击的过程。

当黑客开始向内部网络发起攻击的时候，在内部网络的最外面有一个保护屏障，如果保护屏障可以制止黑客进入内部网络，那么内部网络就不可能受到黑客的破坏，也就不用采用别的机制，此时网络的安全也得以保证。

黑客通过继续努力，可能获得了进入内部网络的权力，也就是说他可能欺骗了保护机制而进入内部网络，这时监控审计机制开始起作用。监控审计机制能够在线看到发生在网络上的任何事情，能够识别出这种攻击，如发现可疑人员进入网络，这样它们就会给响应机制一些信息，响应机制根据监控审计结果来采取一些措施，如立刻断开这条连接、取消服务、查找黑客通过何种手段进入网络等，来达到保护网络的目的。

黑客通过种种努力，终于进入了内部网络，如果一旦黑客对系统进行了破坏，这时应采取有效措施来及时恢复系统，在这里也就是采取恢复机制来进行恢复。当系统恢复后，将开始新一轮的安全保护。

可以看到安全管理在这个过程中一直存在。因为这四个基本点是借用安全工具来实现安全管理的，也就是说四个基本点运行的好坏，直接与安全管理相关。例如，如果在每个基本点上都制定详细的安全保护策略，黑客就可能很难进入内部网络。所以安全管理是中心，四个基本点是安全管理的实施体现和实现。

电子商务领域的安全问题一直是备受关注的问题，因此如何更好地解决这个问题是推进电子商务更好更快发展的动力。本节中所提到的架构贯穿了从攻击的开始到结束的各个方面整个过程的安全架构，按照攻击的顺序，在每个攻击点上采取保护措施，从而实现了电子商务安全的整体架构。但这种架构只是解决电子商务安全问题的一种方法，由于安全问题的不断变化，所以应不断寻求新的手段来解决安全问题。

案例3 行业务系统安全解决方案

与早期的集中式应用不同的是，现在的银行业务系统大多基于客户服务器模式和网络计算模式的分布式应用。在这样的环境中，企业的数据库服务器、电子邮件服务器、WWW 服务器、文件服务器、应用服务器等都是供用户出入的"门户"，只要有一个"门户"没有完全保护好，"黑客"就会通过这道门进入系统，窃取或破坏所有资源。

绝对安全与可靠的信息系统并不存在。一个所谓的安全系统实际上应该是"使入侵者花费不可接受的时间与金钱，并且承受很高的风险才能闯入"。安全是一个过程而不是目的，安全的努力依赖于许多因素，例如职员的调整、新业务应用的实施、新攻击技术与工具的导入和安全漏洞评估。

银行业务系统的安全分为网络安全、服务器安全、用户安全、应用程序和服务安全、数据安全五个部分。银行业务系统的安全体系。

其中网络安全包括查明任何非法访问或偶然访问的入侵者，保证只有授权许可的通信才可以在客户机和服务器之间建立连接，而且正在传输中的数据不能被读取和改变。服务器安全包括控制访问服务器，防止病毒的侵入，检测有意或偶然闯入系统的不速之客；风险评估被用来检查系统安全配置的缺陷，发现安全漏洞；政策审查则用来监视系统是否严格执行了规定的安全政策。用户安全是管理用户账户，在用户获得访问特权时设置用户功能，或在他们的访问特权不再有效时，限制用户账户；身份验证用来确保用户的登录身份与其真实身份相符，并对其提供单点注册，以解决多个口令的问题。应用程序和服务安全是指对应用程序和服务的口令和授权的管理，大多数应用程序和服务都是靠口令保护的，加强口令变化是安全方案中必不可少的手段，而授权则是用来规定用户对系统的访问权限。数据安全是保持数据的保密性和完整性，保证非法或好奇者无法阅读它；数据完整性是指防止非法或偶然的数据改动。

现代计算机网络系统的安全隐患隐藏在系统的各个角落，所以，对系统安全管理应该是多层次、多方面的。要从网络、操作系统、应用各个方面提高系统的安全级别，还要把原来由使用人员维护的安全规则让计算机系统自动实现，以加强系统的总体安全性。

对系统安全的管理和维护需要各种层次的安全专家才能完成。因此，对系统安全的管理应该由 70% 的规则和方法加 30% 的产品和技术组成。这些规则和方法包括风险评估、安全策略、强大的审计手段等。另外，IT 系统的结构变化、应用系统的变化都会导致安全策略的变化，因此上述过程不是静态的，而是周而复始的过程，该过程在维护系统安全的活动中一直存在。

第五章　网络数据安全

随着信息社会的到来，人们需要进行大量的信息交流，而其中大部分是利用电子通信手段来传递各种远距离信息或利用计算机来加工存储各类信息。为了增加信息的保密性与安全性，防止信息在存储和传输过程中被非法盗用、暴露或篡改，有必要研究保密通信的问题。这是一门既古老又年轻的科学，自古以来随着人类社会的发展和斗争的需要，特别是军事、外交、政治斗争的需要，争斗的双方在信息的"保密"与"破译"上展开了激烈的斗争从而也大大促进了密码学的发展，同时又给密码学增加了神秘的色彩。本章将就如何设计加密方法和技术，如何解决密码的破译等问题进行重点研究。

第一节　信息保密通信的模型

随着信息社会的到来，计算机网络日渐普及，网络正朝着宽带化、智能化和个人化的综合业务数字网方向发展。网络中传输的信息十分繁杂，因此需要对各种业务如通信、邮政、银行往来账目、文献资料等各种信息加以良好的保护，以防止这些数据在存储和传输过程中被盗用、截获、泄露或篡改。

信息工程中的数据安全有以下特点。

由于数据库系统和计算机网络系统中的资源往往是共享的，因此有可能被非法窃取或拷贝，这叫做被动攻击，其结果是导致数据的暴露和对私有权的侵犯。

在传输过程或存储中对数据信息进行非法删除、更改或插入，如计算机病毒的发作，修改他人程序或提取他人存款等，这称为主动攻击，其结果是会引起数据或文件的混乱，甚至导致信息系统的完全失控。

具有高速运算能力的计算机本身又是破密的极好工具。因此，信息工程中的数据安全问题显得尤其重要，该问题解决方法就是采用密码技术，以保证通信安全进行。因此，研究信息保密通信实质上就是对需进行传输信息预先采取一种秘密变换措施，即加密后才送入信道中传输，并在接收端对所收到的加密消息进行解密（即反变换），使之恢复成原有消息的一种通信方式。加密的目的就是隐蔽信息，使未授权者无法理解它的真实含义，防止信息被非法窃取或篡改。解密的目的则是要使接收方在正确的密钥作用下，完整的恢复原消息。

通信保密系统的数学模型，其中，发端除了信源外，还有一个密钥源，在传输信息前，首先从密钥源中选出任一加密密钥，并且通过某一安全途径传给接收方，信源发出的消息尤称为明文，明文 X 用加密算法和密钥变换后形成被称为密文，然后在开放型信道中传送。在传送过程中可能出现密文截取者。接收端收到密文后，利用解密算法和密钥进行反变换，从而恢复出原明文。密文截取者又称为攻击者或入侵者。

加密过程可用数学公式。同时，当截获者截取报文后，他可利用条件概率来获取发端所发出的信源消息 X。保密通信对窃听者而言，相当于增加了模糊度，他所收到的消息类似于有扰信道的信息传输问题，因此可用信息论的熵来度量各种保密通信中的保密度，这也进一步促进了信息科学的广泛应用。

第二节　网络传输数据加密概述

一、加密层次与加密对象

计算机网络的加密可以在网络的不同层次上进行，最常见的是在应用级、链路级和网络级上进行加密。应用级加密需要所使用的应用程序的支持，包括客户机和服务器的支持。这是一种较高级别的加密，在只需要单项安全应用中十分有效，但它不能保护网络链路。链路级加密仅适用于单一网络链路，仅仅在某条线路上保护数据，而当数据通过其他线路、路由器和中介主计算机时则不予保护。它是一种比较低级的加密，不能广泛应用。网络级加密是介于应用级加密和链路级加密之间的加密，加密是在发送端进行，通过不被信任的中间网络传送，然后在接收端解密。加密和解密操作是由可信任端的路由器或其他网络设备完成的。

当进行网络级加密时，可以对以下数据包进行加密：

可对 TCP、UCP 和 ICMP 数据段加密，使数据包过滤变得比较容易。

可对 IP 数据段进行加密，这意味着整个 TCP、UCP 或 ICMP 数据包、报头及全部内容进行加密。

对整个 IP 数据包进行加密。它能阻止数据包过滤系统看到任何东西。这种加密必须提供一个"隧道"——简单的 TCP 连接——在两个站点的加密单元之间传输加密数据。原始数据包在加密包中被封装，而该加密的数据包是由一个路由器的单封装的 TCP 数据包。

计算机网络的数据加密可分为两种途径：一是通过硬件实现数据加密，二是通过软件实现数据加密。

二、硬件加密技术

通过硬件实现网络数据加密的方法有三种：链路加密、节点加密和端对端加密。

链路加密是将密码设备安装在节点和调制解调器之间，使用相同的密钥、在物理层上实现两通信节点之间的数据保护。

节点加密是在运输层上进行数据加密，其加密算法依附于加密模件中，每条链路使用一个专用密钥，明文不通过中间节点。从一个密钥到另一个密钥的变换是在保密模件中。

而端对端加密是在表示层上对传输的数据进行加密，数据在中间节点不需要解密，其加密的方法可以用硬件实现，也可以用软件实现。目前多用硬件实现，并采用脱机去进行。

三、软件加密方式

通过软件实现网络数据加密的方式有分组密码和公开密码两种类型。

（一）分组密码加密

分组密码加密和解密采用同一把秘密钥匙，而且通信双方必须要获得这把钥匙，并保持钥匙的秘密。因此，它也称为秘密钥匙加密法，或对称加密法，归纳在传统密码技术中。其中密钥是保密通信安全的关键。发信方必须安全、妥善地把钥匙护送到收信方，不能泄漏其内容。

分组密码加密有几种著名的，应用很广的加密算法。例如，美国 IBM 公司提出的 DES 算法、三重 DES 算法，瑞士的 IDEA 算法、麻省理工学院（MIT）的 RC2、RC4 算法和美国国家安全局开发的 Skipjack 算法等。

DES（Data Encryption Standard）是 IBM 公司提出的、被美国国家标准局采用的数据加密标准，在 1981 年又被采纳为 ANSI 标准。它对 64 位明文，使用 64 位密钥（其中 8 位奇偶校验位，因此实际密钥 56 位）。它在加密时实现多次代替和换位操作，得到 64 位密文。DES 目前仍被公认为"强"的加密算法。在加密中，它有 ECB、CBC 和 CFB 三种工作模式。其中 ECB 是数据块加密模式，CBC 和 CFB 是数据流加密模式。数据块加密是指把数据划分为固定长度的数据块，再分别加密，其中每个数据块之间的加密是独立的。数据流加密是指加密后密文前部分，用来参与报文后面部分的加密。这样数据块之间的加密不再独立。

IDEA（Intemation Data Encryption Algorithm）是瑞士的著名学者 James Massey 和我国学者来学嘉博士在 1990 年提出，1992 年最后完成的一种数据块加密算法。IDEA 使用 128 位密钥，对 64 位明文进行加密，得到 64 位密文。运算速度很快，有效地消除了任何试图穷尽搜索密钥的可能性。该算法有很强的保密强度。

RC2 和 RC4（Rivestcode）是以其发明人麻省理工学院（MIT）的 Rivest 教授的姓氏来命名的，由 RSADSI 公司发行。该算法可采用 1~1024 位密钥对数据进行加密，以达到不同的保密强度。其中，RC2 是数据块加密算法，RC4 是数据流加密算法。

Skipjack 是美国国家安全局秘密开发的一个民用加密算法。该算法采用 80 位的密钥，使得穷点搜索密钥变得不可行。它推行 Clipper 芯片，让人们可以方便地获取通信的明文。

（二）公开密钥加密

公开密钥加密使用两把密钥，一把公开密钥用于加密，一把秘密密钥用于解密。加密时，发信人采用公开密钥对数据进行加密。加密后的密文发信人再也无法打开。收信人在收到密文后，用自己的密钥解开密文，得到明文信息。这种加密方式称为公开密钥加密，也称为"非对称式"加密，被称为是现代密码技术。它解决了分组密码加密方法中复杂的密钥分发问题，简化了密钥的管理。由于公开密钥和秘密密钥是一对一地相匹配，唯一的一把秘密密钥掌握在收信人手里，除他以外，可以确信无人能获得通信的内容。公开密钥加密技术的出现，有效地增加了加密的强度和抗分析破译的能力。

公开密钥加密方法有 3 种，即 Differ-Hellman 加密方法、RSA 算法、PGP 加密算法。其详细情况将下面各节进行讨论。

第三节　传统密码体制

传统密码体制是指密钥不能公开的密码体制，其特点是加密和解密使用同一密钥，或虽使用不同密钥但能由加密密钥方便地导出其解密密钥，这种体制称为密钥体制或单密钥体制，由于几千年来密码通信一直使用这类体制，所以又称为传统密码体制。

一、单表代换密码

单表代换密码就是利用字母间的一一对应关系来进行代换，以实现对明文信息的加密。随着字母间对应代换规律的不同，其基本类型有以下几种情况。

（一）移位密码

移位密码是按照某种方式重排字符，字母本身不变，只是位置改变了。该装置由内、外两圆盘组成，并且其上的大小写字母一一对应，若把外盘字母作为明文，内轮盘字母则为密文，当转动不同角度时，就得到不同的移位序列。如当发送"lamateacher"时，若移位为 4,则传送的密码即为"Megexiegliv"，两者之间对应如下：

明文为 Iamateacher。

密文为 Megexiegliv。

解密的密钥就是字母移动的位数，选择一个新的移动位数就得到一个新的密钥，密文也就随之而改变。

在传输中，为隐蔽周期，常将密文写成一串连续字符流来传送，如将字母明文变成如下形式：

明文 abcdefghijklmnopqrstuvwxyz 密文 DEFGHIJMNOPQRSTUVWXYZABC

由于移位方法加密出来的密文字母保留了原明文字母中字母出现的概率，这从大量非技术性书刊、报纸等是极易获取英文单字母、双字母和三字母等出现的频度，所以密码学家可以根据密文字母出现的频度与明文出现频度之间的惊人相似之处轻而易举地识别出一个密码是否已经过移位，并且确定其移位值 A:，其中 A: 可正可负。正值时，代表右移循环；负值时，代表左移循环。但对于英文字母而言，其密钥最多有 25 种，利用穷举法，即可方便地译码，因而移位密码的保密性很差。

（二）乘法密码

若对字母表进行等间隔抽取以获得密文，则形成乘法密码，乘法密码的数学公式为

$$Y=X-a(\bmod 26)(42)$$

式中：U 为乘数因子，且满足和 26 是互素的任意整数，即

$$(a,26)=1(43)$$

a 就是密钥，对于乘法密码表，是选择乘数 fl=5 时得到的。由于这类代换是按式（42）同余乘法完成的，所以称为乘法密码。

明文：1amateacher 密文：Megexiegliv

但是，由于能满足式（43）的 a 值很少，只有 1、3、5、7、9、11、15、17、19、21、23 和 25 共 12 个数，因此当对其进行译码时，会更方便些。因此，保密性极低。

（三）混合同余密码

将移位密码和乘法密码结合起来，将得到混合同余密码，其数学公式为 $Y=Xa+k(\bmod 26)$

满足上式的变换又称为仿射变换。移位加密与乘法加密是这种加密方法的特例，即当 0=1 时则为移位加密；A=0 时则为乘法加密。例如，选取 fl=5，；fc=4 时，可得仿射密码如表 4-2 所示，构成方法是先将字母表向左移 4 位，然后再以 5 为间隔进行等间隔抽取。在仿射变换中，a,fc 就是密钥，a 有 12 种选法，有 26 种选法，则密钥集中共有 312 种选法。但是，这对于计算机来说处理起来相当容易，即保密性不太好。

（四）随机代换密码

为了增大密钥量，增强保密程度，可将英文字母表进行随机抽取并排列成如表 4-3 代换密码表。由于 26 个字母是随机排列的，所以共有 261 种不同的排列，亦即有 261 个密钥。故要对这种密码进行解密时，即使采用计算机也难于破密。但其存在一个致命的缺点就是需要保存密钥表，否则将无法正确完成加密与解密过程。

（五）密钥词组密码

为了克服随机密钥不便记忆的缺点和保存随机代换密钥最大的优点，可选择一个词组或短语作为密钥形成代换字母表。具体方法是：先写出正常顺序的明文字母，然后从特定字母下开始写出密钥词组（特定字母应是密钥的一个组成部分），同时删除其中重复字母。例如若选择 MONOALPHABETICCIPHER 作为密钥词组，删去重复字母后得到 MONAL-PHBETICR，选择字母£作为开始书写密钥词组的特定字母，并把出现在密钥中的其他字母，按照字母表的顺序依次填写在密钥之后和密钥之前。由此得到的密钥词组密码表。该方法

的特点是密钥词组和特定开始字母均可随意选择，且易于记忆，所以构成的密钥量也是很大的。

二、多表代换密码

在单代换密码中，每一个明文字符均由一个密文字符唯一的代替，因此很容易从字母发生的频数上予以破密。若将一个明文字符由多个密文字符来替代，则有可能破坏其字母频数的统计规律，这种加密体制称为多表代换密码体制。下面介绍这种方式的几种形式。

（一）维吉尼亚密码

维吉尼亚（Vigenere）密码是典型的多表代换密码。

利用维吉尼亚方法加密和解密时，首先需选定一个密钥字，然后将要加密的消息分解成长为密钥字的长度，每一节再利用密钥加密，加密中再按维吉亚方阵对明文进行代换加密，解密过程也利用该表进行。

然后以明文作为方阵的行，以密钥作为方阵的列，逐个字母去查维吉尼亚表中的字母，由此得到如下密文。

Y=EELLTIUMSMLR

解密时应用密钥尺二 best 可查出：第一个 E 是 b 列含 E 的行，对应于 d 行；第二个 E 是 e 列含 E 的行，对应于 a 行；依次类推，可得出其他明文。

由此可知，在这种体制中，所用到的单表数目和所用的密钥字长有关，并按密钥字长对这些表轮流使用，因而呈现固定的周期性，其周期就是密钥的长度，密钥字越长，密文对明文中各字母和字母组合出现的统计规律掩盖作用越好，就越难破译。

（二）博福特密码

博福特（Beaufort）密码是与维吉尼亚密码相类似的一种密码，其加密的数学公式为

7—A：—X（mod26）（45）

博福特方阵与维吉尼亚方阵的关系是博福特方阵的行恰好是维吉尼亚方阵行的逆序排列。利用博福特方阵，在已知密钥和明文的情况下，可同维吉尼亚加密方法一样对明文进行加密。

（三）维纳姆密码

若代换密码的密钥是随机的字符序列且永不重复，则没有足够的信息使这种密码破译。当一个密码只用一次时，这种密码称之为一次一密钥密码体制。该种体制可用如下所示数学模型来描述。

维纳姆密码对每一明文和密钥取"异或"操作，这在计算机系统中是非常易于实现的。实际上维纳姆算法就是维吉尼亚加密算法的情况。

这种密码体制又称为完全的理想保密体制，但是，该体制也存在致命的缺点，就是他需要很长的随机密钥，如何才能生成与明文消息一样长的随机序列并加以保存呢？许多年

来众多密码学者为此做出艰苦的努力，得到了一些逼近方法。

假设用书中（或文件中）的课文作为以移位字母表构造的代换密码中的密钥序列（可看成是非周期维吉尼亚密码），这种密码就为滚动式密钥密码，所以维纳姆密码的密钥被重复使用就相当于滚动密钥。

三、多字母代换

在上述单表及多表密码中，加密及解密均是以单个字母为基础进行代换的，因此还有可能按统计方法进行破译，即多字母代换体制，必能进一步提高其保密度。

该密码的特点是：密文双字母是明文双字母中两个字母的函数，在明文双字母中，即使有相同的字母，在变换成密文后也无从识别。例如，本例中一共出现了 4 次 a，却分别给变成了 M、Z、E、A，已完全打乱了原有字母的统计特性，反之亦然。

双字母代换密码在保密性上比单表和多表密码体制均有所提高，但若从双字母频度上进行分析，仍可有助于破密。为了进一步减少密码分析者利用统计信息解密，常常采用多字母代换密码，并代入多元同余方程组中进行线性变换。

值得提醒的是：多字母代换体制不仅大大提高了保密性，而且对今天的几种重要密码体制都产生了深远的影响。例如，目前广泛使用的美国数据标准（DES）就可看作是《字母变换推广。

四、转置密码

转置密码是在不改变明文消息所包含字母的基础上，对明文字母按照某种规律重排而构成的。因为排列的方法不同，由此可获得多种密码。例如，若颠倒明文的书写次序，会得到倒序密码；若将明文交替地写在多行上，然后再逐行顺序发送，可构成栅栏等。其数学模型描述如下所述。

在转置密码中最具代表性的是列转置密码。列转置的根本点是把明文消息按行顺序排成一个预定宽度的矩阵，然后再按列选出矩阵中的字母以构成密文。为了提高保密性，可按一密钥字中各字母在字母表中的顺序来决定其选取矩阵列的顺序，同时还可用密钥字的字母个数决定其矩阵的宽度。例如，要对明文 a mathematical theory of communication 进行加密，密钥字为 Shannon，它含有 7 个字母，即明文被书写在一个具有 7 列的矩阵中，同时对这 7 个字母按其在字母表中的顺序依次编号，并将相同字母按从前到后编号。

密文：AIOMTMTEOATCRMIHAYUOMTFIELONNAAHCC 解密时，首先要决定书写明文消息的图形，方法是用密文字母总数除以密钥字个数，其商为行数（有作数时行数加 1），余数代表前几列有值，依次可得解密图形。如在本例中，明文字母个数为 34 个，密钥长度为 7 个，则得商为 4，余数为 6，则解密图形有 7 列 5 行，前 6 列有数，得表 4-9，将密文按列顺序由上到下逐列填满（注意第 5 列只有 4 个字母），然后再按列读出，即可恢复原文内容。

这类密码，若双方不知道密钥则很难破译。与代换密码不同的是，转置密码只是在数学上进行了某种排列而以，并没有改变其原字母的频率。

第四节　分组（块）密码

分组密码是研究对明文消息进行分组处理、加密的密码系统。下面首先介绍分组加密的基本概念，然后重点讨论美国商用数据加密标准（DES）。

一、分组加密的基本概念

由密钥确定转换的算法足够复杂，使破译者除了用穷举法以外，无其他捷径可循。要实现以上三点要求并不容易。首先，选择足够大，当足够大后会使代换网络变得过于复杂而难于控制实现，实际中常常分成几个小段，分别设计各阶段的代换网络，并采用并行操作达到总的分组长度 n 足够大。其次，为了增大密钥量，往往采用多个简单密码系统的组合。

二、数据加密标准

数据加密标准（Data Encryption Standard，DES）美国国家标准局 1977 年采纳的一种非线性加密算法，它是由 IBM 公司研制的。DES 是属于按分组密码工作的传统密码体制，它是将每 64 位明文序列用特殊的 64 位密文序列代替，而所选用的运算方法使得当密钥仅改变一位时，就可以使密文中的每一位大约有 50% 的可能改变。因此，若采用错误的密钥，则解密码位平均有一半是错误的。

在这种分组加密模式中，同样的明文总是形成严格相同的密文。EDS 是靠由模块组成的复杂系统完成其工作的。每一个标准模块（SBB）由子密钥控制下作乘积变换（如图 4-5），共进行 16 次迭代运算。

下面，将详细讨论 DES 算法。DES 是一类对二元数据进行加密的算法，数据分组长度为 64bit（ 8byte），密文分组也是 64bit，密钥长度为 64bit，其中含 8bit 奇偶校验位，有效密钥长度为 56bit。实际加密时仅采用其中的 48bit。DES 整个体制是公开的，其系统的安全性全靠密钥与算法。

它主要包括初始置换 16 次迭代的乘积变换、逆初始变换 P—1 和 16 个子密钥产生器组成。而 16 次迭代的乘积变换则又主要包括：选择扩展运算£、密钥加密运算、选择压缩运算、置换运算以及相应位的寄存器所组成。

三、乘积变换

乘积变换是 DES 算法的核心部分，它将经初始变换后的明文分为左、右两个 32bit 分组，进行迭代运算，在每次迭代过程中左、右两组不断地彼此交换位置，而每次迭代仅对右边分组的 32bit 进行一系列加密变换，然后左、右两分组彼此交换位置，下一轮仍对右边分组，即原来左边分组的 32bit 与右边经加密变换后的 32bit 逐位模 2 加后的 32bit 数据再进行加密变换，一直进行下去共进行 16 次迭代，而每一轮迭代时，右边都要进行选择扩展运算五、加密模 2 加运算、选择压缩运算、置换运算和左右混合运算。

四、选择扩展运算

它将每组 32bit 扩展成每组 48bit 的输出，其扩展规律是按照将 32bit 数据进行模 4 运算，模 4 运算中周期为 0 和 1 的数据重复一次，周期为 2 和 3 的数据不重复，这样 32bit 中就有一半 16bit 要重复，加上原来的 32bit 即 48bit。按照这一规律 32bit 中第 32、1、4、5、8、9、12、13、16、17、20、21、24、25、28、29 各位要重复一次，最后将表格中数据按行读出即得 48bit 输出。

五、加密运算

将上面选择扩展运算五输出 48bit 明文数据与子密钥产生器输出的 48bit 子密钥逐位模 2 相加进行加密，输出 48bit 密文组。

六、选择压缩运算

该运算将来自加密运算的 48bit 密文数据自左至右分成 8 组，每组 6bit，然后并行送入 8 个 S 盒，而每个 S 盒为一非线性代换网络，它有 4 个输出。5 盒的设计是实现 DES 算法的关键，设计者们希望明文加密后的密文与明文之间以及密文与密钥之间不存在任何统计关联。即改变明文或密钥的任何一位，将以一半左右的概率引起每个密文比特的改变，即每一密文比特是所有明文比特和所有密钥比特的复合函数，经分析 DES 基本上达到了这个要求。Konheim 对 DES 加密过程进行分析后发现，对每轮运算结果的右半部分，当经过一轮迭代后，输出的每一位取决于明文的 6bit，第三次迭代后，每个输出位至少取决于该半部的 26bit，经五次迭代后，输出每位就受整个 64bit 输入的影响。当经过 8 次迭代后用，检验，就不能发现明文。密钥与密文之间的统计相关性。而 S 盒则是控制明文、密钥之间关系的一个关键性部分，其每一个输出比特是取决于输入的全部 6bit，而且这种关系是非线性的。

置换 P 输出的 32bit 数据要与左边 32bit 即逐位模 2 相加，所得结果作为下一轮迭代用的右边数据段，并将右边，并行到左边寄存器，作为下一轮迭代用的左边数据段。另外乘积运算中为了运算方便还采用了两个 48bit 寄存器和一个 32bit 寄存器。

这部分虽不属乘积变换，但它是乘积变换的控制部分。16 次迭代是在 16 个子密钥控制下进行的。

基本的 DES 运算还可以借助重新配置系统加以改进，使同样的输入码组形成不同样的密文码组，这可以靠提供一类组间干扰来实现。也就是说，使各个码组相互作用而得到

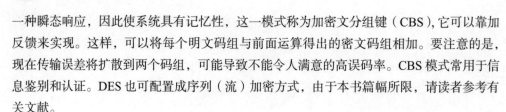

一种瞬态响应，因此使系统具有记忆性，这一模式称为加密文分组键（CBS），它可以靠加反馈来实现。这样，可以将每个明文码组与前面运算得出的密文码组相加。要注意的是，现在传输误差将扩散到两个码组，可能导致不能令人满意的高误码率。CBS 模式常用于信息鉴别和认证。DES 也可配置成序列（流）加密方式，由于本书篇幅所限，请读者参考有关文献。

第五节 公钥密码体制

一、公钥密钥的一般原理

在前面介绍的内容中，可以得知，通信双方是共用一个统一的秘密的密钥进行加密和解密的，即保密通信可由以下两种方式实现：一种是通信的双方事先约定密钥；另一种是由信使传递。但随着现代通信网与计算机网和公用电子服务系统的迅速发展，这种体制逐步暴露出其存在的缺点和问题，归纳起来有如下主要问题。

二、密钥分配和管理问题，特别是在一个有很多用户的通信网中尤为复杂

信息认证问题。随着现代计算机网和现代电子服务系统（如 E-mail、MHS、EDI 等），特别是因特网的迅速发展，这就需要在信息发送端防止非法用户主动攻击，非法伪造的安全系统迅速崛起。消息认证、身份认证、数字签字就属这类问题。

1976 年美国斯坦福大学电气工程系研究生 WDiffie 和他的导师 MHellman 在 IEEE 信息论汇刊上发表《密码学新方向》，首次提出了双钥制的公开密钥新思想，打破了单钥制对密码学的垄断。该体制的特点是加密用的每个加密密钥尺对应一个解密用的解密密钥是不同的。给通信的每个用户分配一对密钥（UT），将各用户的加密密钥尤像电话码本一样公开，称为公开钥，而将各用户自己的解密密钥攵保密，称为秘密钥。任何用户当他要给某用户 4 发送一明文 X 时，可先查出 d 的公开密钥 A：，然后用尺对应的加密编码£将义加密为密文 r，再通过公开通信传送给用户（收到密文 7 后，用自己的秘密密钥尺所对应的解密密码（将 F 解密为明文 1=4。其中，加密密钥不能用来解密，而且，在计算机上很容易地产生成对的加密密钥尺和解密密钥，但从已知的尺不能导出尺、或者说，从公开密钥尺来反推秘密密钥 ['，在计算上是不可能的。这种体制在使用上既能适应各种复杂的通信关系，又便于实现自动化。

公开密钥体制概念提出不久，人们就找到了 3 种可实现的公开密钥密码体制。

1978 年美国斯坦福大学的研究助理 RCMerkl 和副教授 MEHellman 在其论文《用陷门渐缩来隐蔽信号和鉴文》中提出的一个基于尸完全理论的背包体制，特点是加密算法容易而解密算法保密，因而要恢复明文是不可能的。

1978 年美国通信系统研究所 RMcdiCe 提出的一种基于代数编码理论的公开密钥体制，

但需要几百万比特的数据来作为密钥，并且很大的数据扩展，它对多用户通信网是理想的，但与背包体制很类似，也没有得到广泛承认。

1977 年由美国麻省理工学院教授 RRivest，AShamir，LAdleman 在 IEEE 信息论汇刊上发表的《获得数字签名和公开密钥体制的方法》一文中提出的数论变换的公开密钥体制，简称以体制，这一体制是目前应用最为广泛的公开密钥体制。

第六节　密码技术的应用实例

一、口令加密技术

口令是一种鉴别用户是否有权使用计算机及软件的比较脆弱的手段。但是，由于它实现比较简单，因此得到了广泛的应用。

如前所述，用户的入网访问控制可采用用户名和口令的识别与验证，如其中用户名和口令未通过，该用户便不能进入该网络。

此外，运用口令方式可对软件进行加密。加密时可形成口令圈套，即产生一个代码模块，运行起来像计算机登录屏幕一样，并把它插入登录过程之前，用户可以把用户名及口令告知这块程序，而这个程序将会把用户名及口令保存起来。除此之外，该代码还会告诉用户登录失败，并启动真正的登录程序，此时用户不会识别这个破绽。因此，它是鉴别身份的一种方式。

利用口令方式进行加密的弱点在于：可以利用密码字典或其他工具软件来进行破译。如个人的生日、名字或一些有代表性的单词或短语。口令输入后要正常工作必须满足一定的条件，当人们移植一种算法时，这种算法可能在人们的工作环境下存在着漏洞，如一些入侵者使用超长的字符串破坏口令的算法成功地进入了系统。

二、口令

用户是否可以安全地进入某个计算机系统（或软件系统），可以通过验证用户输入的口令来实现。

口令是用户和系统之间相互认可的码。口令有时由用户选择，而有时由系统统一分配。口令的长度和形式也随系统的不同而不同。

口令的使用比较直接。系统要求用户输入口令，如果口令正确，那么用户得到了该系统的"承认"，可进行后面的工作，如果口令不正确，那么系统认为其是"非法用户"，不予"承认"，此时系统要求用户重新输入口令加以验证。但是口令本身是不安全的，可能会受到攻击。

三、口令文件的加密

为了防止口令受到意外攻击，比较安全的策略是把口令表（保存口令的数据文件）加密。加密后攻击者不能读取和使用口令。两种常用的加密方法是采用传统密钥加密方法和单向函数方法。

在传统的加密方法中，就是把整个口令加密或只把口令某一列加密。当接收用户的口令时，把存储的口令解密，然后比较两个口令。

单向函数加密法是一种比较安全的策略。它采用一个加密函数，使加密变得相对容易，使解密很难进行。例如：单向函数 X 简易计算，而它的反函数则不容易计算。口令表中的口令以加密的形式存储，当用户输入口令时，口令也被加密。然后比较加密后的口令。如果两者相同，那么证实该用户为合法用户。并允许使用其权限范围内的任何资源。大部分安全加密算法要求不允许两个不同的口令加密成相同的密文。

四、口令的选择

为了防止口令被破译，口令应该是很难进行猜测，而且很难用穷举法确定。有关口令的具体选择问题请读者参考有关书籍。

一个用户的用户名、真实姓名、识别信息和基本的账户信息（注意：有的 UNIX 系统，口令被 Shadow 了的话，则 etcpasswd 文件中无用户口令信息保存在 etcshadow 中）。在这个文件中，每一行都是一个记录，记录的域之间用冒号"："隔开。

五、口令时效

etcpasswd 文件的格式使系统管理员能要求用户定期地改变他们的口令。在口令文件中可以看到，有些加密后的口令有逗号，逗号后有几个字符和一个冒号。

系统管理员必须将前两个字符放进 etcpasswd 文件中，以要求用户定期地修改口令，另外两个字符当用户修改口令时，由 passwd 命令填入。

注意：若想让用户修改口令，可在最后一次口令被修改时，放两个则下一次用户登录时，将被要求修改自己的口令。有两种特殊情况。

最大周数（第一个字符）小于最小周数（第二个字符），则不允许用户修改口令，仅超级用户可以修改用户的口令。

第一个字符和第二个字符都是这时用户下次登录时被要求修改口令。修改口令后，passwd 命令将删除，此后不再要求用户修改口令。

当 UNIX 系统提示用户输入口令时，系统将输入的口令以加密的形式存放在 etcpasswd 或 etcshadow 文件中。在正常的情况下，这些口令和其他信息由系统保护，能够对其访问的只能是特权用户和操作系统的一些应用程序。但是在一些错误情况下，这些信息可以被非特权用户得到。进而可以使用一类称为口令破解的工具去得到加密前的口令。

UNIX 系统使用一个单向函数来加密用户的口令。单向函数从数学原理上保证了从加密的密文得到加密前的明文是不可能的或是非常困难的。当用户登录时，系统并不是去解密已加密的口令，而是将输入口令的明文字串传给加密函数，将加密函数的输出与系统中存放的用户原来输入并已加密的口令相比较，如果是匹配的，则允许用户登录系统。

这种方式的安全来自加密函数的强度和猜测口令的难度。现在，函数的算法已被证实足以对付可能的进攻。但是用户常选择一些容易猜测的口令，给入侵者开了方便之门。

加密算法是基于数据加密标准 DES 的，DES 属于分组密码体制。在正常的操作中，DES 使用一个 56 位的密钥键值，去加密一个 64 位的明文块。加密的输出是一个 64 位的密文，在没有密钥的情况下不可能通过解密得到原来的明文。

UNIX 系统的将用户输入的口令作为加密的键值，使用它去加密一个 64 位的 0 和 1 串。加密的结果又用用户的口令再加密一次。重复这个过程，一共进行 25 次。最后的输出为一个 11 字符长的可打印串，存放在 etcpasswd 文件中。

UNIX 系统使用的加密函数语法格式如下：

Char*crypt（char*salt,char passwd）

Salt 是一个 12 位长的数字，取值范围为 0~4095,它略改变了 DES 的输出。4096 个值的使用使同一个口令产生不同的输出。当改变口令时，系统选择当天的一个时间，得到一个 salt 数值。这个 salt 被存放在加密口令的最前面。因此，口令文件存放的密文口令是 13 个字符。使用 salt 意味着同一个口令，可以产生 4096 个不同数值。

六、子邮件 PGP 加密系统

PGP（pretty good privacy）是一个基于 RSA 公开密钥加密体系和传统加密体系杂合的邮件加密软件包。可以用它对邮件加密以防止非授权者阅读，它还能给邮件加上数字签名从而使收信人可以确认邮件的发送者，并能确信邮件没有被篡改。它可以提供一种安全的通信方式，而事先并不需要任何保密的渠道用来传递密匙。它采用了一种 RSA 和传统加密的杂合算法、用于数字签名的邮件文摘算法和加密前压缩等保密手段，还有一个良好的人机工程设计。它的功能强大，有很快的速度，而且它的源代码是免费的，可以从 Internet 上下载。

实际上 PGP 的功能还包括：PGP 可以用来加密文件，还可以用 PGP 代替 UUencode 生成 RADIX64 格式（就是 MIME 的 BASE64 格式）的编码文件。

PGP 是美国 Phil Zimmermann 在 1995 年开发的。他的创造性在于他把 RSA 公开密钥加密体系的方便和传统加密体系的高速度结合起来，并且在数字签名和密钥认证管理机制上有巧妙的设计。因此 PGP 成为几乎最流行的公开密钥加密软件包。

PGP 并没有使用新的加密算法，它只是将现有的一些算法如 MD5、RSA 和 IDEA 等综合而已。用户 A 向用户 B 发送一个邮件 P,用 PGP 进行加密，假设 A 和 B 都有自己的汾。和汾以及知道对方的公开密钥尸尺,加密 G 的密匙 104 加密后的报文拼接 P1Z 拼接在一起。

在 PGP 中，邮件 P 由用户 A 使用 MD5 算法生成 128 位的"邮件文摘"（messagedigest），"邮件文摘"再通过 RSA 算法，用用户 A 的私有密钥进行加密得出 H。邮件 P 与加密的"邮件文摘"H 拼接在一起生成报文 P1，再经过压缩 ZIP 程序后，得出 P1Z。

接着对报文 P1Z 采用 IDEA 算法加密，使用的是一次采用一个临时加密密钥，即 128 位的 K。此外，密钥 K 必须经过 RSA 算法，使用 B 的公开密钥加密，加密后的密钥 K 与加密后的报文 P1Z 拼接在一起，用 BASE64 进行编码，编码的目的是得出 ASCII 码的文本（只包含字母、数字和 +、、= 等文本符号）发送到网络上。

在接收端，用户收到加密的邮件后，先进行 BASE64 进行解码，并用其 RSA 算法和自己的秘密密钥沿解出 IDEA 的密钥 K。用此密钥恢复出 PIZ。对 PIZ 进行解压后，还原出 PI。B 接着分开明文 P 和加了密的"邮件文摘"，并用 A 的公开密钥解出"邮件文摘"。比较解出的"邮件文摘"与 B 自己计算生成的"邮件文摘"是否一致，若一致则可认为 P 是从 A 发来的邮件。

PGP 加密系统是采用公开密钥加密与传统密钥加密相结合的一种加密技术。它使用一对数学上相关的钥匙，其中一个（公开密钥）用来加密信息，另一个（秘密密钥）用来解密信息。

PGP 采用的传统加密技术部分所使用的密钥称为"会话密钥"，每次使用时，PGP 都随机产生一个 128 位的 IDEA 会话密钥，用来加密报文。公开密钥加密技术中的公开密钥和秘密密钥则用来加密会话密钥，并通过它间接地保护报文内容。

PGP 把公开密钥和秘密密钥存放在密钥环（keyr）文件中。PGP 提供有效的算法查找用户需要的密钥。

PGP 在多处需要用到口令，它主要起到保护秘密密钥的作用。由于秘密密钥太长且无规律，所以难以记忆；PGP 把它用口令加密后存入密钥环，这样用户可以用易记的口令间接使用秘密密钥。

PGP 的每个秘密密钥都由一个相应的口令加密。PGP 主要在以下三种情况时需要用户输入口令。

需要解开收到的加密信息时，PGP 需要用户输入口令，取出秘密密钥解密信息。

当用户需要为文件或信息签字时，用户输入口令，取出秘密密钥加密。

对磁盘上的文件进行传统加密时，需要用户输入口令。

上面所说的是关于公开密钥的安全性问题，这是 PGP 安全的核心。另外，与传统加密对称密钥体系一样，秘密密钥的保密也是决定性的。相对公开密钥而言，秘密密钥不存在被篡改的问题，但存在泄露的问题。RSA 的秘密密钥是很长的一个数字，用户不可能将它记住，PGP 的办法是让用户为随机生成的 RSA 秘密密钥指定一个口令。只有通过给出口令才能将秘密密钥释放出来使用，用口令加密秘密密钥的方法其保密程度和 PGP 本身是一样的。所以秘密密钥的安全性问题实际上首先是对用户口令的保密。当然私密密钥文件本身失密也很危险，因为破译者需要的只是用穷举法（强力攻击）试探出口令，虽说很困难但毕竟是损失了一层安全性。需要说明的是：最好不要把秘密密钥写在纸上或者某一文件里，因为这样很容易被别人得到。

PGP 在安全性问题上的审慎考虑体现在 PGP 的各个环节中。比如，每次加密的实际密钥是个随机数，大家都知道计算机是无法产生真正的随机数的。PGP 程序对随机数的产生是很审慎的，关键的随机数像 RSA 密钥的产生是从用户敲键盘的时间间隔上取得随机数种子的。对于使用磁盘上的 randseecLbin 随机文件是采用和邮件同样强度密钥加密的。这样有效地防止了他人从 randseedbin 随机文件中分析出实际加密密钥的规律来。

最后提一下 PGP 加密前的预压缩处理，PGP 内核使用 PKZIP 算法来压缩加密前的明文。一方面对电子邮件而言，压缩后加密再经过 7 位编码密文有可能比明文更短，这就节省了网络传输的时间。另一方面，明文经过压缩，实际上相当于经过一次变换，信息更加杂乱无章，对明文攻击的抵御能力更强。PKZIP 算法是一个公认的压缩率和压缩速度都相当好的压缩算法。在 PGP 中使用的是 PKZIP20 版本兼容的算法。

第七节　数据备份

一、数据备份的基本概念

数据备份是把文件或数据库从原来存储的地方复制到其他地方的活动，其目的是为了在设备发生故障或发生其他威胁数据安全的灾害时保护数据，将数据遭受破坏的程度减到最小。数据备份通常是那些拥有大型机的大企业的日常事务之一，也是中小型企业系统管理员每天必做的工作之一。对于个人计算机用户，数据备份也是非常必要的，只不过通常都被人们忽略了。取回原先备份的文件的过程称为恢复数据。

数据备份和数据压缩从信息论的观点上来看是完全相反的两个概念。数据压缩通过减少数据的冗余度来减少数据在存储介质上所占用的存储空间，而数据备份则通过增加数据的冗余度来达到保护数据安全的目的。

虽然数据备份和数据压缩在信息论的观点上互不相同，但在实际应用中却常常将它们结合起来使用。通常将所要备份的数据先进行压缩处理，然后将压缩后的数据用备份手段进行保护。当原先的数据失效或受损需要恢复数据时，先将备份数据用备份手段相对应的恢复方法进行恢复，然后再将恢复后的数据解压缩。在现代计算机常用的备份工具中，绝大多数都结合了数据压缩和数据备份技术。

二、数据备份的重要性

计算机中的数据通常是非常宝贵的。下面的一组数据仅就文本数据的输入价值（没有考虑数据本身的重要性）来说明数据宝贵这一观点。一个存储容量为 80MB 的硬盘可以存放大约 28000 页用键盘键入的文本。这些文本数据都丢失了将意味着什么呢？按每页大约

350 个单词计数，这将花费一个打字速度很快的打字员（每分钟键入 75 个单词)2174 个小时来重新键入这些文本，按每个小时 30 元的工资计算，这需要 65220 元。备份 80MB 的数据在现在的大部分计算机系统上大约只需要 5 分钟。

计算机中的数据是非常脆弱的，在计算机上存放重要数据如同大象在薄冰上行走一样不安全。计算机中的数据每天经受着许许多多不利因素的考验。电脑病毒可能会感染计算机中的文件，并吞噬掉文件中的数据。你安放计算机的机房，可能因不正确使用电而发生火灾，也有可能因水龙头漏水导致一片汪洋。你还可能会遭到恶意电脑黑客的入侵，在你的计算机上执行 format 命令。你的计算机中的硬盘由于是半导体器件还可能被磁化而不能正常使用。还有可能由于被不太熟悉电脑的人误操作或者你自己不小心的误操作丢失重要数据。所有这些都会导致你的数据损坏甚至完全丢失。

你所管理的计算机中可能有一些私人信件、重要的金融信息、你跟朋友交往的通信录、正在工作的文档、辛辛苦苦编写的程序等。显然，这些数据中的任何一个丢失都会让你头痛不已。重新整理这些数据的代价是非常高的，有的时候甚至是不可能完成的任务。在你后悔当初没有备份数据的时候，下一次一定记得将重要的数据备份一下。

数据备份能够用一种增加数据存储代价的方法保护数据的安全。数据备份对于一些拥有重要数据的大公司来说尤为重要。很难想象银行里的计算机中存放的数据在没有备份的情况下丢失将造成什么样的混乱局面。数据备份对于个人计算机用户来说也是必不可少的，当一封经你辛辛苦苦构思的电子邮件，眼看就要发送出去时，计算机突然死机了，你会不会感到非常沮丧呢？

数据备份能在较短的时间内用很小的代价，将有价值的数据存放到与初始创建的存储位置相异的地方，在数据被破坏时，再在较短的时间和非常小的花费下将数据全部恢复或部分恢复。

三、优秀备份系统应满足的原则

不同的应用环境要求不同的解决方案来适应。一般来说，一个完善的备份系统，需要满足以下原则。

（一）稳定性

产品的主要作用是为系统提供一个数据保护的方法，于是备份产品本身的稳定性和可靠性就成为最重要的一个方面。首先，备份软件一定要与操作系统 100% 兼容，其次，当事故发生时，能够快速有效地恢复数据。

（二）全面性

在复杂的计算机网络环境中，可能会包括各种操作平台（如各种厂家的 UNIX、Net-Ware、WindowsNT、VMS 等），并安装了各种应用系统（如 ERP、数据库、集群系统等）。选用的备份系统，要支持各种操作系统、数据库和典型应用。

（三）自动化

很多单位由于工作性质，对何时备份、用多长时间备份都有一定的限制。在下班时间系统负荷轻，适于备份。可是这会增加系统管理员的负担，也可能会给备份安全带来潜在的隐患。因此，备份方案应能提供定时的自动备份，并利用磁带库等技术进行自动换带。在自动备份过程中，还要有日志记录功能，并在出现异常情况时自动报警。

（四）高性能

随着业务的不断发展，数据越来越多，更新越来越快。在休息时间来不及备份如此多的内容，在工作时间备份又会影响系统性能。这就要求在设计备份时，尽量考虑到提高数据备份的速度，利用多个磁带机并行操作的方法。

操作简单。数据备份应用于不同领域，进行数据备份的操作人员也处于不同的层次。这就需要一个直观的、操作简单的图形化用户界面，缩短操作人员的学习时间，减轻操作人员的工作压力，使备份工作得以轻松地设置和完成。

（五）实时性

有些关键性的任务是要 24 小时不停机运行的，在备份的时候，有一些文件可能仍然处于打开的状态。那么在进行备份的时候，要采取措施实时地查看文件大小、进行事务跟踪，以保证正确地备份系统中的所有文件。

（六）容错性

数据是备份在磁带上的，对磁带进行保护，并确认备份磁带中数据的可靠性，也是一个至关重要的方面。如果引入 RAID 技术，对磁带进行镜像，就可以更好地保证数据安全可靠，给用户数据再加一把保险锁。

四、数据备份的种类

数据备份按照备份时所备份数据的特点可以分为三种：完全备份、增量备份和系统备份。

（一）完全备份

是指将指定目录下的所有数据都备份在磁盘或磁带中。显然，完全备份会占用比较大的磁盘空间。耗费较长的备份时间，因为它对有些毫不重要的数据也进行了备份。

（二）增量备份

是指如果数据有变动或数据变动达到指定的阈值时才对数据进行备份，而且备份的仅仅是变动的部分。增量备份所占用的磁盘空间通常比完全备份小得多。在 Windows2000 中，许多系统软件的备份是按照这种方式来完成的，如 DNS 服务器之间、WINS 服务器之间的数据库同步。完全备份只在系统第一次运行前进行一次，而增量备份则会常常进行。

（三）系统备份

是指对整个系统进行的备份。因为在系统中同样具有许多重要数据。这种备份一般只需要每隔几个月或每隔一年左右进行一次。它所占用的磁盘空间通常也是比较大的。

（四）数据备份计划

IT 专家指出，对于重要数据来说，有一个清楚的数据备份计划非常重要，它能清楚地显示数据备份过程中所做的每一步重要工作。

确定数据将受到的安全威胁。完整考察整个系统所处的物理环境、软件环境，分析可能出现的破坏数据的因素，确定敏感数据，对系统中的数据进行挑选分类，按重要性和潜在的遭受破坏的可能性划分等级。

对将要进行备份的数据进行评估。确定初始时采用不同的备份方式（完整备份、增量备份和系统备份）备份数据占据存储介质的容量大小，以及随着系统的运行备份数据的增长情况，以此确定将要采取的备份方式。

确定备份所采取的方式及工具。根据第 3 步的评估结果、数据备份的财政预算和数据的重要性，选择一种备份方式和备份工具。

配备相应的硬件设备，实施备份工作。

五、数据备份的常用方法

数据备份常用方法分类

根据数据备份所使用的存储介质种类可以将数据备份方法分成如下几种：软盘备份、磁带备份、可移动存储备份、可移动硬盘备份、本机多硬盘备份和网络备份等。

从各种不同的备份方法中选择一种时，最重要的一个参考因素是数据大小和存储介质大小的匹配性。用几百张 144MB 容量的软盘备份 600MB 大小的数据显然不是一种比较明智的做法。

（一）软盘备份

软盘备份速度非常慢，比较不可靠，而且其容量在 1GB 大小的硬盘使用时代都显得太小了。软盘备份常常用来备份那些并不是很关键的数据，因为存放在里面的数据常常会因为系统错误而不能读取。

（二）磁带备份

从许多角度看磁带备份还是比较合适的数据备份方法。磁带备份的优点如下：

1. 容量

硬盘的容量越来越大，磁带可能是唯一的，最经济的能够容纳下硬盘所有数据的存储介质。

2. 花费

无论是磁带驱动器还是能存放数据的磁带，其价格都还稍显昂贵。个人电脑用户最少花费 200 美元来适当地、可靠地备份若干个 GB 的数据。

3. 可靠性

在正确维护磁带驱动器和小心保管磁带的前提下，磁带备份一般来说还是比较可靠的。

简单性和通用性。现在，有许多磁带驱动器，同时也有各种各样的软件产品。软件产品能够很好地支持硬件产品，安装和使用磁带设备非常简单。不同磁带驱动器之间的兼容性也很好，它们大多数都遵循一定的国际标准。

当然，磁带备份离完美的备份相差还是很远。价格较贵一点的和价格较低一点的磁带驱动器在可靠性上差别很大。在许多情况下，磁带备份的性能也不是很卓越，尤其是要随机存取磁带上的某个特定文件的时候（磁带在顺序存取的时候工作得很好）。现在，像 DLT 这样的高端磁带驱动器实际上已经有了非常好的性能，但是价格也很高。

（三）可移动存储备份

在刚过去的几年，出现了一种全新的存储设备，这就是可移动存储驱动器。这些驱动器以多种方式已经存在了好几年，最近因价格急剧走低而在市场上火爆起来。这些可移动存储设备因性价比高而备受人们青睐。

可移动存储设备有许多种，常见的类型有以下几种。

1. 容量等价软盘驱动器（Large Floppy Disk Equivalent Drive）

市场上这种驱动器的典型代表有 IomegaZip 中驱动器、Syquest'sEZ-135、LS-120120MB 软盘驱动器等。这些大容量软盘驱动器对于备份小容量的硬盘数据比较有效。但是现在计算机上的大容量硬盘（40~100GB）很常见，想要用容量比 100MB 稍大的设备来备份整个硬盘显然是不切实际的。再有，虽然这些大容量软盘驱动器的可靠性很好，但是它们常常是专用的，通用性并不是很好。这些大容量软盘驱动器的平均性能较差。

2. 移动等价硬盘'驱动器（Removable Hard Disk Equivalent Drives）

常见的这类设备有 Iomega'sJaz 驱动器、Syquest'sSyJet 等。这些驱动器非常适合用来完成更大容量的备份任务，通常比那些小的驱动器有更高的性能、更昂贵的价格和更好的可靠性。美中不足的是这些驱动器的通用性不是很好。

3. 次性可刻录光盘驱动器（CD-YNRecordable）

这些只能写一次可以读多次的光盘的容量大约为 650MB。尽管光盘不能重复刻录，许多人还是用它们来备份，因为现在空的可刻录光盘的价格非常低。可刻录光盘有一个很大的优点就是备份数据可以用普通的光盘驱动器来读取。但是我们并不建议用这种方式来备份数据，原因在于随着数据的增长，存储介质的成本会越来越高。

4. 重复刻录光盘驱动器（CD-Recordable）

这跟上文所提到的可移动等价硬盘驱动器非常相似。CD-RW 的灵活性非常好，可以在 CD-R 上刻录，然后在光盘驱动器或者播放音乐的 CD 机上读取。但是并不建议把它作为严格的备份介质。

5. 移动硬盘备份

这是一种不太常见的备份方法。要建立可移动硬盘备份只需要购买特定的硬盘盒就可以了。硬盘盒中可放置一块或多块硬盘。在购买硬盘盒的时候，销售商通常还会提供给用户相应的适配器和电缆。将适配器接入计算机中（通常为标准总线接口 PCI、ISA 等），然后用电缆把适配器和硬盘盒连接起来，用户就可以方便地进行备份或恢复工作了。可移动硬盘备份的工作过程就跟老式的磁带唱机一样。

这种类型的备份系统是一种很好的备份解决方案。虽然购买多余的硬盘用来备份显得有点贵，但是平均起来用这种备份方法备份每 GB 的数据价格是非常低的。可移动硬盘备份的优点是：很高的性能、很强的随机访问能力、标准化接口、易交换性和优秀的可靠性。

当然可移动硬盘备份也有很多缺点。跟磁带设备相比，购买附加的备份介质并不是很便宜。硬盘相对来说是很脆弱的，比如，存放在其中的数据可能由于移动硬盘被摔而被损坏（注意，这一缺点对于其他几种大容量的可移动存储驱动器也是存在的）。

这种备份方法最大的缺点是只有在计算机断电之后才能移动硬盘。这对于有些必须持续不断地运行计算机系统来说是非常不方便的。

（四）本机多硬盘备份

对于那些在自己的计算机中有多块硬盘的用户来说，一种备份解决方案是用其中的一块或多块运行操作系统和应用程序，再用剩余的其他硬盘来备份。硬盘和硬盘之间的数据复制可以用文件复制工具来实现，也可以用磁盘复制工具来实现。

本机多硬盘备份在许多情形下工作得很好，当然它也有一些限制。其优点在于简便，可配置为自动完成备份工作。磁盘到磁盘的复制性能非常高，相应的费用却很低。

本机硬盘备份的缺点也是非常致命的。首先，它不能保护硬盘上的数据免受很多方面的威胁，如火灾、小偷、计算机病毒等。其次，用本机硬盘备份只能有一个备份数据，这就使得整个系统很脆弱。

总之，不建议用本机硬盘备份作为唯一的备份手段。最好的解决方法是它跟一种可移动备份方法结合起来使用。

（五）网络备份

对于处在网络中的计算机系统来说，网络备份是可移动备份方法的一个很好替代。这种备份方法常用来给没有磁带驱动器和其他可移动备份介质的中小型计算机做备份。网络备份的思路很简单：把计算机系统中的数据复制到处在网络中的另外一台计算机中。

在复制数据的时候，网络备份和本机多硬盘备份非常相似。它使用简单，能配置成自动执行备份任务。然而，依赖于各个计算机在实际中的位置，小偷、自然灾害等仍然是个大问题。还要注意的一点是计算机病毒也能在网络上传播。

网络备份在许多企业环境中的使用越来越多。企业通常用一种集中的可移动存储设备作为备份介质，自动地备份整个网络中的数据。

　　网络备份的缺点是备份时给网络造成的拥挤现象非常严重，而且备份数据所需花费的时间过分依赖于网络的传输速度。

第六章　网络安全工具的使用

第一节　防火墙软件的使用案例

一、WindowsServer2003 防火墙

WindowsServer2003 自带的防火墙叫做 Internet 连接防火墙（ICF），是一种防火墙软件，可以拦截来自网络中的非法通信。Internet 连接防火墙允许安全的网络通信进入网络系统，同时拒绝不安全的通信进入，从而使网络系统免受外来威胁。Internet 连接防火墙、Internet 连接共享和网桥功能只包含在 Windows Server2003 Standard Edition 和 32 位版本的 Windows Server2003 Enterprise Edition 中。在 Windows Server2003 Web Edition、32 位版本的 Windows Server2003 Datacenter Edition 和 64 位版本的 Windows

在"控制面板"窗口中单击"网络连接"图标，在"网络连接"窗口中右击"本地连接"图标，在弹出的快捷菜单中选择"属性"命令，系统将弹出"本地连接属性"对话框。

在"本地连接属性"对话框的"高级"选项卡中单击"设置"按钮，弹出"Windows 防火墙"对话框。

系统默认防火墙是关闭的，在"Windows 防火墙"对话框中选中"启用"单选按钮，单击"确定按钮"，便可以启动 Internet 连接防火墙。启动 Internet 连接防火墙之后，在"网络连接"窗口中的"本地连接"图标将变为教，网络中的其他用户将不能够访问系统所提供的服务。

添加允许通过防火墙的端口，为了使网络中的安全服务能够通过某些端口访问本系统，可以在"Windows 防火墙"对话框的"例外"选项卡中添加允许通过防火墙访问系统的程序和端口。

例如，诺顿杀毒软件在漫游客户端时是通过 1056 端口连接到服务器的。在"例外"选项卡中单击"添加端口"按钮，在弹出的"添加端口"对话框中添加 1056 端口，单击"确定"按钮，从而使诺顿服务可以通过防火墙。

Internet 连接防火墙在没有添加服务之前，服务器所提供的任何服务都不允许网络中的计算机访问，例如 Web 服务。为了使其他计算机能够访问服务器的 Web 服务，就必须在 Internet 连接防火墙中进行添加。

在"Windows 防火墙"对话框的"高级"选项卡中选择对外服务的网络连接所示。

在"高级"选项卡的"网络连接设置"选项组中单击"设置"按钮，弹出"高级设置"对话框。在该对话框中选择"Web 服务器（HTTP）"复选框，单击"确定"按钮，网络中的其他计算机就可以访问服务器所提供的 Web 服务了。

在添加了 Web 服务以后，网络中的其他计算机虽然能够访问服务器的 Web 服务，但是其他计算机在 DOS 窗口中使用 Ping 命令时，会返回 Request timed out 的信息，表示这个服务器是禁 Ping 的。

要使服务器能够响应 Ping 命令，需要在"高级设置"对话框的 ICMP 选项卡中选择"允许传人响应请求"复选框，单击"确定"按钮就可以了。

为允许 Ping 命令之前客户端返回服务器所响应的数据，为允许 Ping 命令之后客户端返回服务器所响应的数据。

二、天网防火墙

天网防火墙是国内外针对个人用户最好的中文软件防火墙之一。在目前网络受攻击案件数量直线上升的情况下，用户随时都可能遭到各种恶意攻击，这些恶意攻击可能导致

用户的上网账号被窃取和冒用、银行账号被盗用、电子邮件密码被修改、财务数据被利用、机密档案丢失、隐私曝光等，甚至黑客（Hacker）或刽客（Cracker）能通过远程控制删除用户硬盘上所有的资料数据，使用户整个计算机系统架构全面崩溃。为了抵御黑客或刽客的攻击，建议用户在个人计算机上安装一套天网防火墙个人版，它能拦截一些来历不明、有害敌意访问或攻击行为。图 6-10 所示为"天网防火墙个人版"应用程序界面。

三、安全级别设置

天网防火墙个人版的预设安全级别分为低、中、高、扩展和自定义 5 个等级，默认的安全等级为中级，下面介绍各个级别所代表的含义。

（一）低

所有应用程序初次访问网络时都将询问，已经被认可的程序则按照设置的相应规则运作。用户的计算机将完全信任局域网，允许局域网内部的机器访问自己提供的各种服务（文件、打印机共享服务），但禁止互联网上的机器访问这些服务。该级别适用于在局域网中提供服务的用户。

（二）中

所有应用程序初次访问网络时都将询问，已经被认可的程序则按照设置的相应规则运作。禁止访问系统级别的服务（如 HTTP、FTP 等）。局域网内部的机器只允许访问文件、打印机共享服务。使用动态规则管理，允许授权运行的程序开放的端口服务，例如，网络游戏或者视频语音电话软件提供的服务。该级别适用于普通个人上网用户。

（三）高

所有应用程序初次访问网络时都将询问，已经被认可的程序则按照设置的相应规则运作。禁止局域网内部和互联网上的机器访问自己提供的网络共享服务（文件、打印机共享服务），局域网和互联网上的机器将无法看到本机器。除了已经被认可的程序打开的端口，系统会屏蔽掉向外部开放的所有端口。该级别是最严密的安全级别。

扩展。基于中安全级别，再配合一系列专门针对木马和间谍程序的扩展规则，可以防止木马和间谍程序打开 TCP 或 UDP 端口，监听甚至开放未许可的服务。可以根据最新的安全动态对规则库进行升级。该级别适用于需要频繁试用各种新的网络软件和服务且需要对木马程序进行足够限制的用户（试用版用户不享受这项服务）。

自定义。如果用户了解各种网络协议，可以自己设置规则。注意，规则设置不正确会导致无法访问网络。该级别适用于对网络有一定了解并需要自行设置规则的用户。

（四）IP 规则设置

IP 规则是针对整个系统的网络层数据包监控而设置的。利用自定义 IP 规则，可以针对不同的网络状态，设置 1P 安全规则。在"天网防火墙个人版"窗口中单击"IP 规则管理"按钮或者在"安全级别"中选中"自定义"单选按钮，进行 IP 规则的设置。

需要注意的是，在设置 IP 规则时要尽量将允许的 IP 规则放在禁止的 IP 规则之前，这样天网防火墙个人版在匹配了允许的 IP 规则之后，不会去检测禁止的 IP 规则，这样可以提高 IP 规则的运行效率。

第二节　防病毒软件的使用案例及经验

一、诺顿杀毒软件的使用方法

（一）诺顿杀毒软件（Symantec）的更新

在默认安装的情况下，诺顿杀毒软件的更新被调度为在每周五晚上 8 点自动运行。在运行调度更新时，计算机必须正在运行并且可以访问 Internet。

诺顿的调度更新时间可以进行修改，在诺顿杀毒软件窗口的"文件"菜单中选择"调度更新"命令，弹出"调度病毒定义更新"对话框。

在"调度病毒定义更新"对话框中单击"调度"按钮，可以修改调度更新的时间。

诺顿杀毒软件的调度更新提供了一种方便的更新方式，但是不能保证所有计算机在

调度更新时能够连接 Internet，所以有时需要手动更新病毒库。另外当系统报告有新病毒时，不要等到下次调度的更新，而应当立即更新病毒防护。在诺顿杀毒软件窗口中单击 LiveUpdate 按钮，启动手动更新。

单击"下一步"按钮，只要计算机连接到 Internet 并且有新的病毒库，计算机便会进

行更新。

病毒库更新完毕单击"下一步"按钮，会显示更新完成。单击"完成"按钮，诺顿杀毒软件会具有最新的防病毒能力。

诺顿杀毒软件扫描计算机

在诺顿杀毒软件窗口的左侧选择"扫描计算机"，然后在右侧列表框中选择需要进行扫描的盘符。

单击"扫描"按钮，诺顿杀毒软件会对选中磁盘中所有已知的病毒进行查杀。

在查杀过程中，如果计算机中有病毒，默认情况下系统会弹出一个消息框通知用户，如果病毒比较多，用户就需要不断地关闭消息框，为了避免这种情况发生，可以单击"选项"按钮，系统弹出"扫描选项"对话框。

确定 | 取消 | 帮助 | 保存配置"扫描选项"对话框

在该对话框中将"在受感染的计算机上显示消息（D）"前面的对勾去掉，再单击"确定"按钮对计算机进行扫描，这样在计算机扫描磁盘并发现病毒时就不会弹出消息框。

（二）使用卡巴斯基的命令行方式对服务器进行杀毒

网络版的卡巴斯基有两种客户端：工作站版和服务器版。工作站版杀毒软件是不能安装在 Windows Server 操作系统上的，其使用方法和其他杀毒软件的使用方法基本相同。服务器版安装以后，没有图形界面可以进行杀毒操作。如果想对服务器进行杀毒有两种方法，第一种方法是使用网络版的管理服务器进行杀毒操作，另一种方法是使用 DOS 命令进行杀毒操作。

使用命令行方式扫描服务器需要在 DOS 窗口中进入卡巴斯基的安装目录，默认安装目录是 C:\ProgramFiles\KasperskyLab\KasperskyAnti-VirusforFileServers5>，在命令提本符下输入 kavshellscanc:d:，其中 c: 和 d: 为系统盘符。

SCAN 命令有许多参数，其中，DISINFECT 参数可以对扫描过程中发现的病毒进行查杀，DELETE 参数可以对发现的病毒进行删除，但这两个参数不能同时使用。

（三）杀毒软件的选择

病毒仍在肆虐全球，它的数目和种类如此之多，而与之针锋相对的杀毒软件也在日新月异地变化。对杀毒软件的选择有时也很让用户头疼，一个好的杀毒软件必须具有以下特点才值得用户使用。

能查杀病毒的数量要多。此外还要求反病毒软件在杀毒时不破坏文件，运行可靠，杀毒时不出现死机现象。

要有实时反病毒的防火墙技术。实时防火墙技术就是时刻监视系统状况，对病毒的传播途径进行严密的封锁，将病毒阻止在操作系统之外。

内存占有量小，恢复数据能力要强。一旦病毒发作，杀毒软件应能迅速修复被破计算机网格管理与妾全。

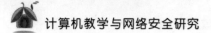

坏的硬盘分区表，然后恢复分区上的数据。杀毒软件占内存小，意味着不影响其他程序的运行。

软件有及时的升级服务和良好的售后服务。及时升级就能在最短的时间内对最新的病毒做出反应，保证系统的安全性，良好的售后服务能对客户的合理要求做出正确的回复。

第三节　黑客攻防案例

一、入侵案例

该案例所攻击的服务器 IP 地址为 19216812，所使用的第三方软件为 X-ScanV32。1 获得用户名和密码

黑客在进行攻击的时候最想获得用户名和密码，因为只要获得用户名和密码就可以控制服务器。

X-Scan 软件是一款漏洞检测软件，通过这个软件可以检测到网络中计算机的用户名和弱口令。

在该窗口中可以看到 X-Scan 检测到 NT-Server 弱口令，所以 19216812 的用户名为 administrator，密码为 123456。

1. 程修改注册表

黑客知道了用户名和密码以后，将本机的用户名和密码进行修改，并要和 19216812 的用户名和密码相同，否则在连接网络注册表系统时会出现错误提示。

在 WindowsServer2003 系统中选择"开始运行"命令，在"运行"对话框中输入 regedit，单击"确定"按钮，打开"注册表编辑器"窗口

在"注册表编辑器"窗口中选择"文件连接网络注册表"命令，打开"选择计算机"对话框。

2. "选择计算机"对话框

在"选择计算机"对话框的"输入要选择的对象名称（例如）"文本框中输入 19216812，单击"确定"按钮，注册表编辑器会连接到远程服务器 19216812。打开 19216812 的 注 册 表 项：HKEY—LOCAL—MACHINE\SYSTEM\CurrentControlSet\Control\TerminalServer，将其中 fDenyTSConnections 的键值修改为 0，代表启用远程桌面，1 代表禁用远程桌面所。

3. 重新启动远程服务器

修改完注册表后，可以使用 shutdown

命令对其重新启动远程服务器：

shutdown-m19216812-r

远程登录服务器

选择"开始"—"程序"—"附件"—"通讯远程桌面连接"命令所示的"远程桌面连接"对话框。

在该对话框中输入远程计算机的 IP 地址 19216812,单击"连接"按钮,弹出远程桌面的登录界面。

在登录界面中输入用户名 Administrator 和密码 123456,单击"确定"按钮,远程桌面就会登录到 19216812 的系统中。

二、防御案例

黑客经常会根据对方的操作系统来策划攻击方案,一般是通过 Ping 对方主机所返回的 TTL 值来判断对方的操作系统。不同的操作系统的 TTL 值是不相同的,默认情况下,Linux 系统的 TTL 值为 64 或 255,Windows'NT2000XP 系统的 TTL 值为 128,Wmdows98 系统的 TTL 值为 32, TJNIX 主机的 TTL 值为 255。如果将 WindowsServer2003 的 TTL 值修改为 255,那么黑客就会以为这个服务器是 'Linux 系统或 UNIX 系统,就会针对 Linux 系统或 UNIX 系统来查找服务器的安全漏洞,但是黑客不会找到服务器的安全漏洞,因为操作系统的类型不一样,这样一来,服务器就安全多了。

第四节 设置相对安全的 WindowsServer2003 系统

当今时代是 Internet 的时代,在 Internet 上发布自己的站点对外提供服务已经不是一件难事,但保证服务器安全却是网络管理员最重要的职责之一。网络管理员应设置相对安全的操作系统,用于防御一般性的黑客攻击。

一、安装操作系统

操作系统安装是网络管理员的第一步,应根据系统所提供的服务并使用 NTFS 格式化分区将硬盘分为 3 个区,即 C、D 和 E。

C 盘为 15Gbps,用于存放系统文件。

D 盘为 50Gbps,用于存放 Web 站点文件、FTP 站点文件及数据库文件。

E 盘为剩余硬盘空间,用于存放服务器的镜像文件、各种软件的安装文件、备份文件及各种日志文件。

二、安装杀毒软件

杀毒软件是所有计算机必须装的,包括服务器在内。杀毒软件不但可以为服务器提供最基本的防护,而且还可以防止黑客上传木马程序。因为杀毒软件对计算机是实时检测的,当木马程序准备运行时,杀毒软件会将其杀掉。

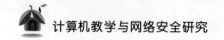

三、安装应用软件

在安装其他应用软件时可以使用默认安装模式，但在安装 SQLServer 时要注意以下两点：

不要用 sa 作为数据库的默认用户名，用户名需要进行修改；

安装完毕，在建立数据库时要将数据库的存放路径进行修改。

四、安装补丁或升级

在没有安装杀毒软件之前尽量不要上网在线更新补丁，如有条件可以通过其他计算机下载补丁数据包，然后再进行更新。现在 WindowsServer2003 中文版已经有 SP1 补丁，SQLServer 已经有 SP3 补丁。

补丁包安装完毕再上网更新杀毒软件的病毒库，病毒库一定要更新到最新为止；最后到微软网站察看是否有最近的更新，直到 IE 浏览器显示"安装更新程序"为止，微软系统更新页面。

五、禁用 Guest 账号

Guest 账户即来宾账户，该账户可以访问计算机，但会受到限制。而且 Guest 用户也会被黑客利用，所以禁用或删除 Guest 账户是最好的办法。

六、禁用不使用的服务

在进行服务器配置的时候，有一些服务是没有必要的，在特定的情况下这些服务有可能会变成黑客可利用的工具。"服务"控制台可以让用户关闭不需要的服务。在"控制面板"中双击"管理工具"图标打开"管理工具"窗口，在"管理工具"窗口中双击"服务"图标打开"服务"窗口，该窗口显示了服务器所运行的所有服务。

以下是建议禁用的服务：

Computer Browser: 维护网络计算机更新，禁用。

Distributed File System: 局域网管理共享文件，不需要可禁用。

Distributed Link Tracking Client: 用于局域网更新连接信息，不需要可禁用。

Error Reporting Service: 发送错误报告，不需要可禁用。

Microsoft Search: 提供快速的单词搜索，不需要可禁用。

NTLM Security Support Provider:Telnet 服务所使用的，不需要可禁用。

Print Spooler: 打印服务，如果没有打印机可禁用。

Remote Registry: 远程修改注册表，不需要可禁用。

Remote Desktop Help Session Manager: 远程协助，不需要可禁用。

七、设置 IIS 服务

不使用默认的 Web 站点建立 Web 服务，可以在 IIS 中重新建立一个 Web 站点，并将默认的 Web 站点删除。

删除 IIS 默认创建的 Inetpub 目录，因为该目录具有安全隐患。

尽量修改所有日志文件的默认目录，以防止黑客恶意删除日志文件，另外有些日志文件可以在被攻击以后用来分析攻击源或攻击手段。

八、设置 FTP 服务

FTP 服务可以使用 IIS 中所提供的 FTP 功能，也可以使用 Serv-U，但是要使用最新版本，因为低版本的 Serv-U 软件有漏洞，最新版本会好一些。

九、系统备份

在 C 盘制作一个 GHOST 备份，并将镜像文件存放在 E 盘中，以备将来系统崩溃时可以迅速恢复系统，注意，在恢复系统之前，要将日志文件提取出来，用来分析系统崩溃原因。

十、其他备份

除了系统备份以外，还要将所有的应用软件和驱动程序进行备份，这些备份均存放在 E 盘下，以备不时之需。

第七章　电子表格处理软件 Excel

Excel2000 电子表格处理软件也是 Microsoft 公司推出的办公软件 Office2000 家族中的一个成员，用它可以处理日常办公事务，传递各种各样的信息，制作各种各样的统计报表，管理各类财务报表，软件开发人员可以用它设计数据库软件包的输出报表接口。它可以根据用户的需要自动生成各种样式的表格，可以与数据库共享数据，可以完成复杂的表格计算并自动将计算结果填入对应的单元格中。如果修改了相关的原始数据，则计算结果会自动更新，对表格中的数据，Excel2000 可以自动生成相关的图表，以图表的形式来显示和输出数据，使得报表更加直观清晰。

第一节　Excel2000 概述

一、Excel2000 功能概述

在日常生活中我们要处理大量繁杂的数据或信息，如学生成绩、工资管理、档案管理、股票信息、企业报表等。Excel2000 是一种表格软件，它擅长处理电子表格，适合于那些按行列进行数据管理和分析的领域。只要把生活中的表格化数据输入计算机，它便可以自动完成表格中的计算工作，甚至在表格数据有所改变之后，可以自动重新计算。它还可以对数据进行排序和筛选，在数据分析和行政管理等方面都有广泛的应用。

（一）Excel2000 的主要功能有

（1）建立电子表格：包括简单的二维表格，复杂的三维表格。

（2）输入数据：可以用多种方式向电子表格中输入数据，键盘输入、公式自动生成、以及从其它表格中提取数据等方式。

（3）编辑电子表格：可以很方便地向电子表格中增加、删除、修改数据，在电子表格中查找、替换数据。

（4）建立工作簿：可以把若干个电子表格装订在一起形成工作簿。可以同时提取并处理不同工作簿中的不同电子表格。

（5）格式设置：可以对电子表格中的数据（表头、栏目名称、表中数据等）进行各种美化修饰性的格式设置。

（6）统计计算：可以对表格中的全部或部分数据进行求和、平均值、计数、汇总、筛选、排序等处理。

（7）打印输出：编辑好的电子表格可以打印，打印前可以通过打印预览观察效果。二 Excel2000 的启动和退出

（二）Excel2000 的启动

（1）WindOws98 后，在桌面状态下，把鼠标指针移到屏幕下端任务栏"开始按钮上，单击鼠标左键，这时会弹出一个提示菜单。

（2）把鼠标指针移到所弹出的菜单的"程序"选项上，这时会弹出一个子菜单，把鼠标指针移到要启动的 MicrosoftExcel 程序名上，按一下鼠标左键，启动了 Excel2000，屏幕上将出现 Excel2000 应用程序窗口。

该图上半部分是 Excel2000 的常用操作菜单和工具按钮，中间是工作表窗口，电子表格的大部分工作都是在这个窗口内完成的。

另外还有一些启动 Excel2000 的方法，与在 Windows 环境下启动应用程序的方法基本相同，这里就不再赘述。

（三）退出 Excel2000

用鼠标单击 Excel2000 应用程序窗口上的"文件"菜单，再选"退出"选项。

第二节　Excel2000 的工作窗口及基本概念

一、Excel2000 程序窗口主要组成

（一）标题栏

在屏幕最上端是 Excel2000 的标栏，给出当前窗口所属程序或文档的名字。

（二）菜单栏

给出各种操作命令构成的菜单项，每个菜单项可引出一个下拉式菜单，为各种命令。

（三）常用工具栏

包含一些常用的对文件、文本和数据进行操作的各种按钮，当鼠标指针停留在某个按钮上时，就会出现该按钮的功能说明。工具栏的使用可以使得一些常用的命令更简捷、更方便。

（四）格式工具栏

包含一些对工作表中的数据、文本的字号、对齐方式、边框线条式样及颜色等设置的工具按钮。

（五）编辑栏

编辑栏可用来输入或编辑单元格、图表的数据或公式，它的左边是名称框，右边是编

辑区，当用户输入或修改活动单元格时，在编辑栏中间将出现三个按钮：

取消按钮：单击该按钮，可取消本次对该单元格的编辑操作，相当于按 ESC 键。输入按钮圆：单击该按钮，可确认此次输入或修改的内容，相当于回车键。

编辑公式按钮：单击该按钮，将显示公式选项板，帮助用户使用工作表函数来建立公式。

（六）状态区

状态区在窗口的最底部，显示操作过程中选定的命令菜单或操作过程的信息。

二、Excel2000 的基本概念

（一）工作表和工作簿

Excel2000 首次启动后的窗口的下方是一张空白表，为 Excel2000 直接处理的对象，称为工作表，名称默认为 Sheetl，Sheet2,Sheet3。若干工作表的集合称为工作簿，一个工作簿对应一个磁盘文件，扩展名为 XLS。首次启动 Excel2000,默认的工作簿名是"Booklxls"。

（二）单元格、单元格地址

在 Excel2000 中，每张工作表可以非常大，它由 256 列、65535 行组成，每个单元格可容纳 32000 个字符。从第一列开始各列标号依次为 A、B、…Z:M、AB、…AZ:BA、BB…BZ;…直到 IV。每一个方格称为一个单元格，输入或处理的数据就保存在单元格内。

每个单元格有一个固定的地址，以列标号和行标号来表示。如 A1 就表示第一行第一列单元格，D5 则表示第五行第四列单元格。

同一个工作簿中有多个工作表，为了区分不同工作表中的单元格，就在单元格名称前面加上工作表名称，中间用"！"分隔。如 Sheetl!B3 表示第一个工作表 Sheetl 的 B3 单元格。

为了区分不同工作簿中相同地址的单元格，可以在工作表单元格名称前面再加上工作簿的文件名称，并且用引号将文件名括起来。如"Bookl"Sheet2!A3 表示工作簿文件 Bookl 中第二个工作表 Sheet2 中第三行第一列单元格。

当前正在处理的单元格称活动单元格，以黑方框表示，单击某个单元格，就可使其成为活动单元格。

第三节　Excel2000 的基本操作

一、打开已有的工作簿

打开一个已存在的工作簿，操作步骤如下：

（一）打开"打开"对话框

鼠标单击"文件"菜单中的"打开"选项，或鼠标双击常用工具栏上 [打开] 按钮，

出现"打开"对话框。

（二）打开一个已存在的文件

在"查找范围"下拉列表框中指定欲打开文件所在的目录；在"文件类型"列表框中选择文件类型，在对话框中间显示出所有扩展名符合要求的文件；在"文件名"文本框中输入文件名；单击 [确定] 按钮或者直接在列表框中双击要选择的文件的文件名，即能打开一个已存在的文件。

二、新建工作簿

在当前工作簿下，如果要创建一个新的工作簿，可单击"文件"菜单中的"新建"选项，打开新建对话框，单击"常用"标签，再选择"工作簿"图标，然后单击"确定"按钮。也可单击常用工具栏中的"新建"按钮，可直接创建一个基于默认模板的新工作簿。

三、保存工作簿文件

单击"文件"菜单中的"保存文件"选项来保存文件，或单击常用工具栏中的"保存"按钮来保存文件。若文件是第一次做保存操作，则系统会显示一个"另存为"对话框，用户在对话框的"文件名"框中输入需要保存的文件名，然后单击"确定"按钮。

四、在工作簿中切换工作表

一个工作簿可以有若干个工作表，当打开一个工作簿后，不可能同时将它们都显示在屏幕上，所以使用时要不断在工作表中切换，以便对多个工作表进行操作。

在一个工作簿中进行工作表的切换，主要工具是滚动按钮与工作表标签。

滚动按钮是非常方便的切换工具，只要敲击最左边或最右边的按钮，可以快速切换到第一张或最后一张工作表上；按中间按钮可以在两个相邻的工作表间切换；若用户所需要的工作表名称在标签中，可以单击对应的标签，切换到指定的工作表中。

五、对工作表的基本操作

（一）插入工作表

通常一个新建的工作簿中含有默认的三张工作表，用户实际使用超过三张工作表时，就需要在工作表中插入新的工作表，一个工作簿最多可以有 256 个工作表。插入工作表的方法是：单击"插入"菜单项中的"工作表"命令，将在工作簿的工作表的当前位置添加一个新的工作表，同时为它顺序命名为"Sheet4"，在工作表 Shect2 之前插入工作表 Sheet4。

（二）删除工作表

如果工作薄中不再需要某些工作表，可以删除。方法是：先单击工作表标签来选定要删除的工作表，然后选择"编辑"菜单中的"删除工作表"命令，被选中的工作表将被删除；

若一次要删除多个工作表，可以用"Ctrl+ 鼠标左键"先选出多个需要被删除的工作表，再选择"编辑"菜单中的"删除工作表"命令。

（三）移动工作表

工作表在工作簿中的顺序不是固定不变的，可以通过移动工作簿中的工作表来调整它们的次序。方法是：单击要移动的工作表标签，然后沿着标签行拖动选中的工作表到达新的位置，松开鼠标即可。在拖动工作表的过程中，屏幕上会出现一个黑色的三角形来指示工作表要被插入的位置。

移动工作表的另一个含义是将工作表移动到另外一个工作簿中。方法是：首先在源工作簿的工作表标签上选中要移动的工作表，然后选择"编辑"菜单中的"移动或者复制工作表"命令，这时屏幕上出现对话框，再在其中的工作簿列表框中选择目的工作簿。

（四）复制工作表

在同一个工作簿中如果要建立一个与已有工作表相类似的工作表，可采用复制工作表的方法复制一份，然后对其中发生变化的个别项目进行修改。方法是：单击选中的工作表，按住"Ctrl"键，鼠标沿标签行拖动选中的工作表到新的位置，松开鼠标键即可将复制的工作表插入到新的位置。新工作表的名字以"源工作表名 +(2)"命名。

（五）工作表重命名

系统默认的工作表名都是以"Sheetl""Sheet2"…来命名的，在实际工作中，常常用工作表的特性来给其命名，如"学生成绩""工资报表"等，这样就需要对工作表进行改名。方法是：双击原工作表标签名，原来的工作表标签名变成反向显示（黑色），这时只要在光标处重新输入新工作表名即完成改名操作。

第四节　数据输入与编辑

在 Excel2000 中，每个单元格都可以存储各种类型的数据，甚至还可以存储声音、图像等多媒体信息数据，最常见的是在工作表单元格中输入常量和公式。常量是可以直接输入到单元格内的数据，包括文本文字、数值数据、日期、时间等。公式的输入是以等号"="开始的，后面由操作数和运算符构成，公式的运算结果将显示在指定的单元格内，并会随操作数的变化而变化。

一、输入文本数据

文本数据包括汉字、英文字母、数字、空格以及所有可以从键盘输入的字符符号。输入时，系统默认的文本数据在单元格中左对齐，宽度为 8 个字符，若超出 8 个字符，会使字符延伸到右边的单元格中，但并不是输入到右边单元格中，只是一种显示方式，可通过调整列宽来改变这种情况。方法是：将鼠标指针移动到该单元格列标题和右侧相邻列标题中间，鼠标变成左右移动符号，按下鼠标左键向右拖动鼠标，即可改变列宽。

在英文输入状态下，如果在输入的数字之前加入一个单引号，则系统就以文字字符的方式来对待这个数字，即自动左对齐，不参与工作表中数值数据的各种运算。

二、输入数值数据

数值数据是指能用来计算的数据，它包括以下字符：

数字 0 至 9, 运算符号: +-*/( )!$%Ee

可以向单元格中输入整数、小数和分数，在输入分数时应注意，要先输入 0 和空格，如输入 3/4, 正确输入是：03/4, 否则 Excel2000 会将分数当成日期。如果要输入一个负数，则需要在数值前面加一个减号或将其用括号括起来。如（100）表示 -100。可以使用日常计数法，也可以使用科学计数法。在默认情况下，数值数据在单元格中自动右对齐。

三、输入日期和时间

在一些特殊的场合，需要对日期和时间进行计算，如计算年龄、利息、时间间隔等，这时需要将日期和时间当作参数，输入时按"年 / 月 / 日"格式输入。如 2000 年 8 月 17 日输入为"2000/08/17"。时间按"时：分：秒"格式输入。

四、数据的自动填充输入

Excel2000 提供了自动输入有序数据序列的功能，对于一批有序数据，只要输入第一个数据，以后的数据自动填充，可以给数据的输入带来很大的方便。如要输入"星期一，星期二，……"，只要在第一个单元格中输入"星期一"，鼠标移到填充柄上，变成"+"号，然后拖动填充柄到需要填充序列数据的单元格，数据就可自动填入。

对于其它形式的数字有序序列，如 1, 3,5,7,…，则可以通过"编辑"菜单中的"填充"选项来进行。方法是：先在序列的第一个单元格内输入 1, 再选定要产生序列的单元格，单击"编辑"菜单中"填充"选项内的"序列"命令，出现"序列"对话框，输入步长值 2, 在"类型"选项组中选择"等差数列"，最后单击"确定"按钮。

如果输入的第一个数据不能被 Excel2000 认为可以形成有序序列，如"姓名"，那么按自动填充方式的操作结果是将"姓名"二字复制到鼠标拖动经过的所有单元格内，实现数据自动复制填充输入。

五、输入公式

Excel 的单元格中可以存放两种数据形式，一种是常数，一种是公式，公式是指用户自己定义的计算式子，式子中包含文字、数值、运算符、函数、单元格地址等等。公式直接输入在单元格中，Excel 会自动加以运算，并将结果显示在存放公式的单元格中，而公式则显示在编辑栏上。

（一）建立公式

公式必须以等号（=）开头，然后再键入单元格地址及数字，进行计算。例如在单元格 D2 中需要计算合计，公式为 D2=C2»B2,操作步骤为：首先选定单元格 D2,在编辑栏键入公式 "=C2*B2"，单击镶框，则结果放在 D2 单元格中。

在建立公式后，如果改变被引用单元格的值，Excel 将套用公式自动重新进行计算。

（二）运算符与运算次序

在构造公式时，经常要使用各种运算符，下表列出了 Excel 提供的四类运算符。

1. 冒号（：）

单元格区域引用，指由两对角的单元格围起来的矩形单元格区域。例如 "B2:D4"，指定了 B2、B3、B4、C2、C3、C4、D2、D3、D4 九个单元格。

2. 逗号（,）

逗号是一种并集运算，表示逗号前后单元格同时引用。例如 "D3,B4,A5" 指定 D3,B4,A5 这三个单元格同时引用。

3. 空格

空格符是一种交集运算，引用两个或两个以上单元格区域的重叠部分。

例如 "B3:C5C3:D5" 指定了 C3、C4 和 C5 三个单元格。如果指定的单元格区域没有重叠部分，则会出错，在单元格中显示出 #NULL!。

（三）单元格的引用

Excel 提供了三种不同的引用类型，分别用于不同的数据关系。

1. 相对引用

相对引用单元格区域地址，不需要加 "$" 符号，使用相对引用后，系统将记住建立公式的单元格和被引用的单元格的相对位置，复制公式时，新公式所在的单元格和被引用的单元格之间仍保持这种相对位置关系。例如，在单元格 D2 中输入公式 "=B2*C2"，如果将它复制到单元格 D3 中，则 D3 中的公式为 "=B3*C3"。

2. 绝对引用

绝对引用的单元格地址，列标行号前面都要带被绝对引用的单元格与公式所在

单元格之间的位置关系是绝对的，无论这个公式复制到任何单元格，公式所引用的单元格都不变，因而引用的数据也不变。例如，在单元格 D2 中输入公式 "=B2*C2"，如果将它复制到 D3 单元格中时，公式保持不变，即 D3 单元格的值也为 "B2*C2"。

3. 混合引用

在一个公式中既使用相对引用又使用绝对引用则称混合引用，在使用混合引用时一定要清楚哪些引用是固定不变的，哪些引用是随公式所在位置的改变而改变的。例如，在单元格 A1 中输入公式 T=$A3+A$7,将它复制到单元格 C1 后,C1 中的公式就是 "=$A3+C$7"。

六、函数的使用

（一）函数

函数是另外一种形式的公式，它是 Excel 预定义的公式，它们由等号、函数名和参数组成。函数名要大写，参数可以是数字、单元格引用或函数计算所需要的其它信息，参数要用圆括号（）括起来，当参数有多个时，要用逗号分隔开。函数本身也可以作为参数，形成函数嵌套，Excel 最多允许嵌套七层。例如，SUM（10,SUM（Al:A5））表示对单元格A1-A5 求和，其和再与 10 相加。

（二）粘贴函数

Excel 有 200 多个函数，为了方便人们免去记忆函数格式及参数形式，提供了使用内部函数的快捷方式——粘贴函数。操作步骤如下：

（1）选定填入结果的单元格，如 E1。

（2）单击工具栏"粘贴函数"按钮或单击"插入"菜单中的"函数"命令，出现"粘贴函数"对话框。

（3）在"函数分类"列表框，选择所要的函数；在对话框的左下角，会出现有关函数功能的简要说明。

（4）选中某函数后，如选求平均值函数"AVERAGE"，双击该函数，要求用户输入函数参数，可以是单元格地址或区域名称，也可以输入数值。本例中输入单元格区域范围 :Al:D1。

（5）最后单击"确定"按钮，单元格 E1 中出现计算结果。

在输入参数时，还可以用下面的方法：单击参数框右边的"隐藏"按钮 !3, 可以暂时隐藏参数对话框，回到当前工作表上来，用鼠标选定数据所在的单元格或单元格区域，这时所选定的单元格或单元格区域被一虚线框包围住，再次单击"隐藏"按钮，显示出刚才的参数对话框，可以看到被选定的单元格或单元格区域地址已经自动填入到对话框的参数框中。用这种方法可以十分方便地对多个地址单元格进行计算。

第五节　电子表格的编辑

当一个电子表格中的数据被输入后，这个电子表格就算建好了，但这个表格不一定美观和符合我们的要求，这就需要对建立好的电子表格进行编辑。电子表格的编辑主要包括：单元格中数据的复制、移动、删除、查找与替换：行的高度及列的宽度的调整：单元格的插入与删除单元格中数据格式的设置等。

一、工作表中区域的选择

为了提高工作效率，对进行相同操作的处理，可以一次性选定多个单元格。在 Excel 中，选定指定区域有以下操作：

（一）选定一个指定单元格

将鼠标移动到所要选定的单元格上，单击鼠标左键，该单元格被粗轮廓线高亮度显示出来。

（二）选定指定矩形区域

将鼠标指针指向矩形区域的第一个单元格上，单击该单元格，然后按住鼠标左键沿矩形区 f 对角线方向移动到矩形区域的最后一个单元格上，放开鼠标，被选中的区域会高亮度显示出来。

在选定较大的连续区域时，借助于 Shift 键可快速准确选定。在欲选定区域的第一个单元格上单击鼠标左键，将鼠标指针移到区域的最后一个单元格上，按住 Shift 键，同时单击最后一个单元格，则第一个单元格到最后一个单元格之间所有的单元格都被选定。

（三）选定多个不相邻的矩形区域

按上面的方法选定一个矩形区域后，按住 Ctrl 键，再选定另一形区域。重复该操作，可选定多个矩形区域。

（四）选定指定的行或列

单击要选定的行或列的标题即可。

（五）选定整个工作区

单击行号和列号之间的全选按钮即可。

二、中数据的移动、复制与清除

使用电子表格整理业务数据，经常要对单元格的数据进行移动、复制与清除，不仅可在一张工作表上移动数据，还可在不同的工作表，甚至与其它应用软件之间交换数据。

（一）移动单元格中数据操作步骤如下：

（1）选定要移动的单元格或单元格区域。

（2）选择"编辑"菜单中的"剪切"命令，或者双击 [剪切] 按钮，此时，被移动的单元格边框周围就会显示闪烁虚线。

（3）选定移动到的目的单元格或单元格区域的左上角单元格。

（4）选择"编辑"菜单中的"粘贴"命令，或双击 [粘贴] 按钮，即可完成数据移动操作。

（二）复制单元格中数据

复制数据操作和移动数据操作步骤完全一致，只要将"编辑"菜单中的"剪切"命令换成"复制"命令即可。

对于相邻单元格的复制，前面介绍过的利用填充柄可以方便快速复制。

在复制操作中，"粘贴"操作将把原来单元格的内容一丝不差的复制过来，如果我们只想复制公式的运算结果或单元格的格式，即进行选择性的复制，操作步骤同复制，只是不选"粘贴"命令而选"选择性粘贴"命令，出现"选择性粘贴"对话框。

"选择性粘贴"对话框在"粘贴"对话框中，选定所要复制的选项。

在粘贴过程同时可以完成一些简单的运算，将被复制区域中的单元格的值与粘贴区域中的单元格的值或公式执行相关运算。

"跳过空单元"检查框的作用是：在粘贴时，被复制的空白单元格不被粘贴。即复制一个空白单元格时，不删除粘贴区域中对应的单元格内已有的内容。

"转置"检查框的作用是：在粘贴时，将行与列对调。即复制区域顶端行的数据出现在粘贴区域左列处，同时复制区域左列数据出现在粘贴区域顶端行处。

（三）清除单元格中数据

单元格的清楚是指清除掉单元格中所含内容，如数值、公式、格式等，但单元格本身还在，与删除单元格是不同的。

清除单元格内容的操作步骤如下

（1）选定要清除其中数据的单元格或单元格区域。

（2）选择"编辑"菜单"清除"命令，出现三级菜单，含义是。

全部清除单元格内所有信息，即包括下面三项内容。

格式清除单元格的格式，如边框线、颜色等。

内容清除单元格内的文字或公式。

批注只清除单元格内的批注。

如果只清除单元格的内容，而要保留格式和附注，可在选择单元格后，直接按 Del 键。

三、单元格数据的查找与替换

在一张工作表上，有时希望找出一批完全一样的数据或公式，甚至修改，使用 Excel 查找与替换功能则能准确快速地完成这类工作。

（一）查找

首先选定要查找的数据所在的单元格区域，如果不知道数据所在的区域，不选择在整个工作表上查找。然后单击"编辑"菜单中的"查找"命令。

在"查找内容"文本框中，键入要查找的内容，在"搜索方式"下拉列表框中，选定按行或列搜索。在"搜索范围"下拉列表框中，选定其中一项：

（1）公式查找所含公式与查找内容一致的单元格。

（2）值查找所含值与查找内容一致的单元格。

（3）批注查找所含批注与查找内容一致的单元格。

单击 [查找下一个] 按钮，Excel 开始查找，如果找到了相匹配的单元格，则该单元格被标定出来，用户按自己的意图进行处理。如果还要继续查找，则单击 [查找下一个] 按钮，这一过程反复多次，直到找遍所有相匹配的单元格为止。若没有相匹配的单元格，Excel会给出一个提示对话框，报告没找到。

（二）替换

替换数据操作与查找数据操作步骤一致，不同之处在于选"编辑"菜单中的"替换"命令，出现"替换"对话框。

在"查找内容"文本框中输入被查找的内容，在"替换值"文本框中输入用来替换的内容，单击 [替换] 按钮，则 Excel 仅替换第一个要替换的数据；若单击 [全部替换] 按钮，则 Excel 替换工作表上所有符合条件的数据。

四、单元格数据格式的设置

（一）调整行高和列宽

当单元格中的内容的宽度或高度超过当前的列宽或行高时，需要对它们进行调整。方法是将鼠标移到待调整的行的标题上面的边线（或列的标题右侧的边线）上，鼠标光标形状变为上下双箭头（或左右双箭头），按住鼠标左键向上或下（向左或右）拖动，调到合适的位置，释放鼠标左键。

（二）设置单元格数据格式

在包含文字的单元格中，可以对个别字符或文字使用不同的格式，以便使信息条理清楚，层次分明。一张工作表上允许使用多种字体，允许设置单元格的颜色，也可以设置单元格中字符的颜色，还可以设置表格边框等。操作方法可以使用"格式"菜单中"单元格"命令；对于比较简单的设置，直接使用常用工具栏中的格式按钮；下面介绍一种常用的最简捷的方法。

首先选定要设定格式的单元格或单元格区域，单击鼠标右键，弹出一个快捷菜单。在快捷菜单中选"设置单元格格式"命令，出现的单元格格式对话框，在这个对话框中有六个标签，分别代表六大功能。

下面分别介绍"单元格格式"中的六大功能。

1. 数值的格式化

在对数字有特殊要求的场合，如保留小数的位数、显示货币的样式等，Excel 提供了丰富的数据格式，共有十类格式。会计格式可对一列数值设置货币符号和小数点对齐；特殊格式包括邮政编码、电话号码或中文大小写等，可用于跟踪数据清单及数据库的值；而自定义则提供了多种数据格式，用户可以通过"格式选项"框选择定义，而每一种选择都可通过系统即时提供的说明及实例来了解。

选择格式化单元格区域 B3:E7，单击鼠标右键，弹出快捷菜单，选"设置单元格格式"命令，在"分类"列表框中单击"自定义"，在"类型"选项中单击项，按"确定"按钮。该项设置的作用是将数字从小数点开始向左每三位之间用千分号分隔，保留两位小数。

2.设置数值的对齐方式

在 Excel2000 中，系统默认的数据对齐方式是：文本左对齐，数值和日期右对齐。利用工具栏上的"对齐方式"按钮，可以重新设置对齐方式。我们还是利用快捷菜单来设置，单击"对齐方式"标签。

（1）"水平对齐"各选项的含义如下。

常规 Excel 默认的格式，即文字左对齐，数字右对齐。

靠左缩进左对齐单元格中的内容。如果在"缩进"框中指定了缩进量，则会在单元格内容的左边加人指定缩进量的空格字符。

居中将单元格中数据放在单元格中间。

靠右将单元格中数据靠右边框线对齐。

填充完全重复输入的数据，直到单元格填满。

两端对齐如果单元格中数据的宽度超过列宽，列宽不动，将单元格内数据折行显示，行高自动增加，单元格内最后一行左对齐。

跨列置中将最左端单元格中数据放在所选单元格区域的中间位置。

分散对齐如果单元格中数据的宽度超过列宽，列宽不动，将单元格内数据折行显示，行高自动增加，文字在单元格中均匀分布。

（2）"垂直对齐"各选项的含义如下。

靠上将单先格中数据沿单元格顶端对齐。

居中将单元格中数据放在单元格中部（垂直方向）

靠下将单元格中数据靠单元格底端对齐。

两端对齐单元格内数据在单元格宽度内靠上靠下两端对齐。

分散对齐单元格内数据在单元格宽度内靠上靠下分散对齐。

当单元格内数据在单元格中是水平放置时，两端对齐与分散对齐的效果是一样的。

（3）"方向"选择框允许单元格内容从 +90 度到 -90 度的旋转，可将表格内容由水平显示完全变为垂直显示。

（4）"自动换行"框的功能是：当单元格中数据的宽度超过列宽时，数据自动折行显示，行高自动增加。在自动换行功能未设置时，可以按下 Alt+Enter 键来强制换行。

（5）"缩小字体填充"框的功能提：缩减单元格中字符的大小以使数据调整到与列宽一致。如果改变列宽，字符的大小可自动调整，但所设置的字号不变，即字符不会比所设置的字号大。

（6）"合并单元格"框的功能是：将两个或两个以上的单元格合并成一个单元格可以是水平方向，也可以是垂直方向。如果用户选定的欲合并的单元格区域中有多个单元格包含数值，则会出现警告信息后，只能保留左上角数据。

总之，对齐方式选项多，用法灵活，特别是对一些不规则的复杂表格，没有一个理论上的定值，要通过合并单元格，多次调整列宽或行高及加空格，以达到要求的效果。

3. 设置字体、字号、字形及颜色

在包含文字的单元格中，可以对个别字符或文字使用不同的格式，包括字体、字号、字形、颜色。

（1）设置字体选定单元格或单元格区域后，在快捷菜单"设置单元格格式"选"字体"，在"字体"列表框中选择所要的字体。

（2）设置字号在"字号"列表框中选择所要的字体的大小，字号增大，单元格所在的行高会自动增加。

（3）设置字形在"字形"列表框中选择所要的字形。

（4）在"下划线"下拉列表框中，设置是否要下划线，以及下划线的类型，如单下划线。

（5）在"颜色"调色板中，可以选择字符的颜色。

（6）在"特殊效果"框中，可以选择所要的特殊效果，如双删除线、上标、下标。最后在"预览"框中，可以查看显示出来的示例是否符合要求。

4. 设置边框线

设置边框线，一般都利用 Excel 提供的网格线，但用户也可以自己给表格设置所需的边框线及内部格线，在打印时不打网格线，而只打自己设置的边框。

首先选定要设定的单元格或单元格区域，再在快捷菜单中单击"边框"选项，出现"边框"选项对话框。

在"预置"选择框中：

（1）单击 [无] 按钮，删除所选单元格或单元格区域的边框。

（2）在"线形"选择框中，选择线型和颜色，再单击 [外边框] 按钮，设置所选单元格或单元格区域的外边框。

（3）选择线型和颜色，再单击 [内部] 按钮，设置所选单元格或单元格区域的内部格线。在"边框"选择框中，根据图示设置边框线，单击带有斜线标志的按钮，可以增加斜线。

（4）设置"图案"。为了使表格更加清晰、美观，系统提供了在表格的不同部分设置不同的底纹或背景颜色。在"颜色"编辑框选择色彩，在"图案"下拉按钮中选择底纹图案，按"确定"后可以在"示例"框中查看所作选择是否合适。

（5）设置"保护"选项。该项用于锁定或隐藏单元格或单元格区域。锁定是指用户可以浏览单元格的内容，但不能加以修改。隐藏是指用户看不到单元格的内容，但内容还在。

5. 条件格式的设置

Excel2000 允许在工作表中对单元格的数据进行有条件的格式设置。例如在成绩表中，对于不及格的成绩用红色加下划线表示；对于 100 分则用蓝色加粗字体表示。操作方法如下：

（1）选定要设置格式的单元格或单元格区域。

（2）单击"格式"菜单中"条件格式"选项，弹出对话框

（3）设定条件为真时的字体颜色、字体形状、特殊效果等。

用同样的方法可以设置多个条件，最后按"确定"按钮，完成设置。

五、单元格的插入和删除

（一）插入单元格

在工作表上操作时，为了新增数据，可以根据需要插入空白单元格、行或者列。操作步骤如下：

（1）选定要插入单元格的地址或区域。

（2）单击"插入"菜单中"单元格"命令，或单击鼠标右键，弹出快捷菜单，打开"插入"菜单，出现"插入"对话框。

（3）在"插入"对话框上选一项。

活动单元格右移：插入位置所在行右边的单元格向右移。

活动单元格下移：插入位置所在列下边的单元格往下移。

整行：在所选单元格所在行前插入一整行。

整列：在所选单元格所在列前插入一整列。

（4）单击 [确定] 按钮，完成插入操作。

（二）删除单元格

删除单元格操作是指移走该单元格，即将选定单元格及其内容一并删除，空出的位置被相邻的单元格填上，在执行该操作时，单元格的名字会发生变化，因此，如果单元格之间有引用关系，一定要注意关系是否仍成立。

删除单元格的操作如下：

（1）选定要删除单元格的地址或区域。

（2）选"编辑"菜单中的"删除"命令，或单击鼠标右键，弹出快捷菜单，单击"删除"命令，出现"删除"对话框。

（3）在"删除"对话框上选一项。

右侧单元格左移：被删除单元格所在行右侧所有的单元格向左移。

下方单元格上移：被删除单元格所在列下方所有的单元格往上移。

整行删除被选择单元格所在的行。

整列删除被选择单元格所在的列。

（4）单击 [确定] 按钮，完成删除操作。

需要强调的是：在对整行整列操作时，一定要谨慎，Excel 行是非常长的，它不仅包

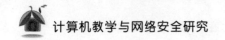

括屏幕上显示出来部分，还包括屏幕上未显示出来的部分。

第六节　电子表格的打印输出

当建立好电子表格及作了一些修饰后，Excel 能方便地打印出具有专业水平的报表。本节介绍打印格式的设置等操作。

一、页面设置

页面设置包括调整页面大小、页边距大小、增加页眉、页脚说明文字等。通过设置打印输出格式来实现。

单击"文件"菜单中的"页面设置"选项，打开"页面设置"对话框。它有四个标签，功能如下：

（一）页面

页面设置包括打印方向、打印纸张大小、缩放比例、起始页号的设置。

（二）打印方向

纵向：以横向为水平位置打印，与普通打印方式相同。

横向：以纵向为水平位置打印，是将表格旋转 90 度打印。

（三）缩放比例

缩放比例：指定放大或缩小工作表的打印比率。最小可以缩小到一般打印的 10%, 最大可以放大到一般打印的 400%。

调整页宽页高：设定所要打印的全部内容要以几页来输出，指定页数后, Excel 会自动计算需要缩小的比例，可以在缩放比例文本框中看到这个百分比。往往希望将某些内容装满一张纸时，常使用该功能。

（四）页边距

在"页面设置"对话框上用鼠标单击"页边距"标签。

设置页边距，可以在打印输出的表格与纸张的上下左右间适当地留出些空白。

设置页眉距可以设定页眉与打印纸上缘之间的距离。

设置页脚距可以设定页脚与打印纸下缘之间的距离。

需要注意的是，页眉和页脚的边距应小于上下边界的设定值，以免打印时和表格的数据重叠在一起。

居中方式确认表格在一张纸中是否需要水平或垂直居中。

二、页眉、页脚

单击"页眉/页脚"标签，产生"页眉/页脚"对话框。在"页眉/页脚"标签中。

分别有页眉和页脚的下拉列表，表中有多种系统预先定义的页眉和页脚样式，用户可以根据需要选择其中的某一种。

如果用户对系统提供的页眉和页脚样式不满意，还可以通过"自定义页眉"和"自定义页脚"按钮来定义自己设定的样式。

在"页眉"预览框和"页脚"预览框中可以看到页眉和页脚的效果。

如果要修改，可选择"自定义页眉"进入页眉对话框。

在"自定义页眉"对话框中，有 7 个按钮，功能如下：

[字体]：设置页眉字体和字号。

[页码]、[总页数]：设置插入页码数及总页数。即在每一页上打印出该页是第几页、共几页。

[日期]、[时间]：设置插入当前日期、当前时间。

[文件名称]：设置插入当前工作簿文件名 [工作表名]：设置插入当前工作表名称。

"左"文本框：在此框内输入左页眉。

"中"文本框：在此框内输入中页眉。

"右"文本框：在此框内输入右页眉。

页脚的设置同上，不再赘述。

三、工作表

单击"工作表"标签，打开对话框。

[打印区域]：设置要打印的工作表的区域。打印区域的选定，可以直接输入单元格地址，也可以单击"打印区域"右边的"区域选择"按钮暂时隐藏标签，显示出数据清单，选定数据清单中的打印区域后，再次单击按钮可以看到打印区域的单元格地址已经自动填充到标签的对话框中了。

[打印标题]：当一张工作表跨越多页时，采用普通方式打印工作表时，结果是除第一页有表格标题外，后面的多页只有数据，而无标题，这难以阅读。如果希望以后的每一页都象第一页那样带有标题，可以指定工作表的某一行或某一列做为标题，只要在"顶端标题行"或"左端标题列"中输入适当的行号、列号或单元格区域来指定标题行或标题列即可。

另外，还可以设置打印的顺序，是否打印网格线等。

利用打印预览功能，可以在正式打印前观察打印的效果，如果有不妥的地方可以随时修改，重新进行设置，直到满意后才将其打印出来。

打印预览的操作步骤如下：

选取"文件"菜单的"打印预览"选项，打开"打印预览"窗口。窗口中各按钮功能如下：

[下页]：显示当前页的下一页。

[上页]：显示当前页的上一页。

[缩放]：放大预览的工作表以便观察细节，或是缩小预览的工作表以便观察整个页面

的全貌。

[打印]: 显示打印对话框，可进行打印操作。

[设置]: 显示"页面设置"对话框，可对页面进行设置。

[页边距]:显示页边距控制柄,用户可以用鼠标拖动相应的控制柄来调整页面的上、下、左、右边距，十分直观，这种调整会保留下来。

四、打印工作表

在对工作表完成页面设置和打印预览操作后，就可以打印工作表了。单击"文件"菜单中的"打印"命令，弹出对话框。

在"范围"选择框中，有如下选项：

全部表示打印当前活动工作表的全部页数。

页码：表示打印当前活动工作表的"由"和"至"文本框中选定的页数范围。在"打印"选择框中，有如下选项：

选定区域：只打印当前活动工作表上选定单元格范围。注意，非相邻的选定范围打印在不同的页次上。

选定工作表：打印所有被选取的工作表上的所有选定范围，每个打印区域打印在不同的页次上，如果某个工作表没有单元格范围被选取，则打印整个工作表。

整个工作簿：打印工作薄所含的工作表上的整个选定区域，若干工作表中无选定区域，则打印整个工作表。

打印份数：在文本框中输入打印份数。

在接好打印机的前提下，单击 [确定] 按钮，开始打印。

第七节 电子表格的图表显示

Excel 的图表功能是把工作表中抽象的数据转化为直观的图形。图表的建立，是基于来自工作表的数据，并将其作为数据点在图表上显示，当工作表上的数据发生变化时，图形会相应的改变，不需要重新绘制。Excel 提供了 100 多种图表供用户选择，通常用条形、线条、扇形等形状表示。

一、建立图表

图表有两种格式，一种格式是嵌入图表，这种图表直接出现在表格数据所在的工作表上是置于工作表上的图表对象；另一种格式是专用图表，单独存放在工作表上。嵌入图表和专用图表相链接，并随工作表数据同时更新。

建立图表的过程可以单击"插入"菜单中的"图表"命令，或单击"图表向导"按钮开始，然后通过一系列对话框来完成。操作步骤如下：

（1）在工作表上选定要用于绘图单元格的数据。

（2）打开"插入"菜单中的"图表"选项，或单击常用工具栏上的"图表向导"按钮，出现图表向导四个步骤中的第一步：选择图表类型。

在对话框中，由用户选择一种图表类型，如选择"标准图表"下的"柱形图"，此时，可以按下"按住以查看示例"长形按钮，查看图表将显示的样式与形状。当选择完毕后，按下"下一步"按钮打开"图表向导"的第二步。

（3）图表向导的第二步是选择图表数据源，可以对数据区中的数据来源与数据图表的行/列格式进行单选调整，还可以通过"系列"标签调整系列，改变数据来源。

系列数据如果产生在"行"每行是一个序列，在图中以不同的颜色表示。系列数据如果产生在列，每列数据作为一个序列，在图中以不同颜色表示。

在"系列"选项中的"系列 1"，"系列 2"，……中分别输入季度名称。同样也可以用按钮来进行数据的自动填充。

（4）单击"下一步"按钮，进入图表向导的第三步，这一步是设定图表的标题、坐标轴名称等图表选项。本例中"图表标题"是"商品各季度销售图"，"分类（X）轴"是"电视机电暖炉空调机冰箱"，"数值（Y）轴"是"销售量"。

（5）单击"下一步"按钮，进入图表向导的第四步，这一步是设定图表嵌入到工作表中，还是新建图表工作表。

下拉箭头，在弹出的列表框图中选择嵌入的工作表名称。当选定图表存放方式后，单击"完成"按钮就结束了图表建立全过程。在本例中，返回原工作表完成图表的建立。

图表建立之后，可以对其位置进行调整以便看起来更加方便。对于嵌入式图表常见的操作有：

（1）移动图表。用鼠标单击准备移动的图形，图形四周出现八个控点，然后用鼠标拖动图形到目标位置后松开鼠标，虚线框就是在移动中的位置。

（2）改变图表大小。图表建立后，可以根据需要随意改变大小。每个图形四周有 8 个控点，每个角上的控点可以沿两边方向改变图表的大小。

（3）增加或减少图表上的显示数据（1）增加数据

图表完成后，要想在图表中增加部分数据的显示也很容易。对于嵌入式图表，先选中欲增加的数据区域，再将单元格区域拖放到图表上即可。

如果新增加的数据的排列与原图表上的数据的排列一致，则直接将数据加至图表上；否则在松开鼠标后，会产生"选择性粘贴"对话框。

（4）在"添加单元格为"选择框中有如下选项

新系列将选定的数据加到图表中，作为新的数据系列。

新数据点将选定的数据作为新的数据点，加到图表中的现有数据序列中。

（5）在"数值（Y）轴在"选择框中选"行"或"列"，表示在复制的选定区域中，使用每行或每列的内容去建立数据系列。

（6）在"首行 / 列为系列名称"选项中，如果在"数值（Y）轴"之下选定"行"，则使用每行第一列的单元格内容作为该行中的数据系列名字；如果在"数值（Y）轴"之下选定"列"，则使用每一列第一行的单元格内容作为该行中的数据系列名字。

（7）在"首行序 d 为分类 X 轴标志"选项中，如果在"数值（Y）轴"之下选定"行"，则使用选定范围中第一行内容作为图表 X 轴；如果在"数值（Y）轴"之下选定"列"，则使用选定范围中第一列内容作为图表 X 轴。

（8）在"替换现有分类"选项中，使用你需要粘贴的分类来代替现有的分类，即改变了 X 轴的标记，只有在选定了"首行 / 列为分类 X 标记"核对框时才有效。

如果是向工作表图表中添加数据，最便捷的方法是使用"编辑"菜单下的"复制"和"粘贴"命令将数据加入到图表中。步骤如下：

（1）选择欲增加数据的单元格区域。

（2）选取"编辑"菜单中的"复制"命令。

（3）打开欲增加数据的图表。

（4）执行"编辑"菜单中的"粘贴"命令。

二、删除图表内容

对于不需要在图表中显示的内容，可以将其删除。如删除整个图表，用鼠标单击图表，选定图表后，按 Del 键，即可将整个图表删除。

如果删除图表中的某一项，则打开图表，用鼠标单击要删除的对象，即某一数据序列，该数据序列上出现控制块，再单击鼠标右键，弹出快捷菜单，选定"清除"命令，即可将选定的对象删除。

三、修改图表上的显示数据

当图表上的数据需要修改时，只要在原工作表上修改数据就可以了。因为工作表与图表之间是动态链接，凡在工作表上修改了数据，图表中的数据也会相应被修改。

四、修改图表元素

用图表向导建立好图表后，注意不能用图表向导来修改图表，如果要对有些选项进行编辑修改，如添加或删除图表数据源、改变图表位置等，修改的方法和建立图表时的设置方法是一样的，但并不是重建。简捷的方法是单击要修改的图表，出现 8 个控点，然后单击鼠标右键，弹出快捷菜单。

与修改有关的选项如下：

（1）"图表区格式"选项中可以设置边框线、字体等。

（2）"图表类型"选项中可以重新选择图表的类型。

（3）"数据源"选项中可以增加或删除图表的内容。

（4）"图表选项"包含 6 个标签，可分别用于设置图表的标题、坐标轴、网格线等。

（5）"位置"选项是决定图形的存放方式，是嵌入式图表还是工作表图表。

如果要删除图表中的数据，单击图表中某类数据系列中的任一数据，该类数据系列周围就出现控制柄，此时按 Del 键，就可以从图表中删除该数据系列，但并不改变与其建立链接关系的工作表数据。

三、数据清单处理

在 Excel2000 中，数据清单和数据库含义一样，清单的列被认为是数据库的字段名，清单的每一行被认为是数据库的一条记录。利用清单可以对大童的数据进行快速地排序、筛选、查询、统计等操作。

（一）建立数据清单

先选定工作表中的数据清单区域，然后单击"数据"菜单中的"记录单"选项，弹出记录单。从图中可以看到，标题行的数据内容都出现在记录单的左边，记录单中的文本输入框为空白，可以逐一输入数据记录信息。对数据清单的编辑操作，可以直接在记录单中进行，包括进行编辑修改、添加、删除操作等。

（二）教据记录的条件查询

通过输入查询条件，可以在记录清单中查找符合条件的记录。在图 Ml 中单击"条件"按钮'在条件对话框中输入查找的条件，通过"上一条"或"下一条"按钮，可以查看所有符合条件的记录。这种操作一次只能查询和显示一条记录，在需要对大批的数据进行条件查询和显示时，这种方法就不方便。Excel2000 提供了数据筛选功能，将工作表中满足条件的数据显示出来，而将不满足条件的数据暂时隐藏起来。

（三）数据的筛选操作

单击"数据"菜单中"筛选"选项中的"自动筛选"项目，这时数据清单的每一个字段名右边都会出现一个筛选箭头。单击某个字段名的筛选箭头，会弹出一个下拉列表框，它列出了该字段的所有项目，可用于选择作为筛选的条件。

其中，"全部"表示恢复显示数据清单的全部记录；"前 10 个"表示筛选清单中的前 10 个数据

（四）数据记录的排序

数据记录的排序，是指将数据记录根据某一关键的数据按一定次序进行重新排列的操作。利用常用工具栏上的升序按钮和降序按钮，可以对清单中的数据记录按某一字段进行排序。如果需要对多个字段进行复合排序，单击"数据"菜单中的"排序"选项'在弹出的对话框中选择"主要关键字"字段名，"次要关键字"字段名……再选择是递增还是递减，最后单击"确定"按钮，完成排序操作。

第八章　网络安全体系结构

第一节　安全体系结构

网络安全从其本质上来讲就是网络上的信息安全，是网络系统的硬件、软件及其系统中的数据受到保护，不受偶然的或者恶意的原因而遭到^坏、更改、泄露，系统连续可靠正常地运行，网络服务不中断。从广义来说，凡是涉及到网络上信息的保密性、完整性、可用性、真实性和可控性的相关技术和理论都是网络安全所要研究的领域。网络安全涉及的内容既有技术方面的问题，也有管理方面的问题，两方面相互补充，缺一不可。技术方面主要侧重于防范外部非法用户的攻击，管理方面则侧重于内部人为因素的管理。如何更有效地保护重要的信息数据、提高计算机网络系统的安全性已经成为所有计算机网络应用必须考虑和解决的一个重要问题。

一、从特征上看，网络安全包括 5 个基本要素。

（1）保密性：确保信息不暴露给未授权的实体或进程。

（2）完整性：只有得到允许的人才能修改数据，并且能够判别出数据是否已被篡改。

（3）可用性：得到授权的实体在需要时访问数据，即攻击者不能占用所有的资源而阻碍授权者的工作。

（4）可控性：可以控制授权范围内的信息流向及行为方式。

（5）可审查性：对出现的网络安全问题提供调查的依据和手段。

二、网络安全的目标应当满足以下条件。

（1）身份真实性：能对通讯实体身份的真实性进行鉴别。

（2）信息机密性：保证机密信息不会泄露给非授权的人或实体。

（3）信息完整性：保证数据的一致性，能够防止数据被非授权用户或实体建立、修改和破坏。

（4）服务可用性：保证合法用户对信息和资源的使用不会被不正当地拒绝。

（5）不可否认性：建立有效的责任机制，防止实体否认其行为。

（6）系统可控性：能够控制使用资源的人或实体的使用方式。

（7）系统易用性：在满足安全要求的条件下，系统应当操作简单、维护方便。

（8）可审查性：对出现的网络安全问题提供调查的依据和手段。

网络安全要真正实现这些目标，必须建立一个完善的网络完全体系。网络安全体系结构主要考虑安全对象和安全机制，安全对象主要有网络安全、系统安全、数据库安全、信息安全、设备安全、信息介质安全和计算机病毒防治等。

三、在进行计算机网络安全设计、规划时，应遵循以下原则。

（一）需求、风险、代价平衡分析的原则

对任一网络来说，绝对安全难以达到，也不一定必要。对一个网络要进行实际分析，对网络面临的威胁及可能承担的风险进行定性与定量相结合的分析，然后制定规范和措施，确定本系统的安全策略。保护成本、被保护信息的价值必须平衡，价值仅 1 万元的信息如果用 5 万元的技术和设备去保护是一种不适当的保护。

（二）综合性、整体性原则

运用系统工程的观点、方法，分析网络的安全问题，并制定具体措施。一个较好的安全措施往往是多种方法适当综合的应用结果。一个计算机网络包括个人、设备、软件、数据等环节。它们在网络安全中的地位和影响作用，只有从系统综合的整体角度去看待和分析，才可能获得有效、可行的措施。

（三）一致性原则

这主要是指网络安全问题应与整个网络的工作周期（或生命周期）同时存在，制定的安全体系结构必须与网络的安全需求相一致。实际上，在网络建设之初就考虑网络安全对策，比等网络建设好后再考虑要容易，而且花费也少得多。

（四）易操作性原则

安全措施要由人来完成，如果措施过于复杂，对人的要求过高，本身就降低了安全性。其次，采用的措施不能影响系统正常运行。

（五）适应性、灵活性原则

安全措施必须能随着网络性能及安全需求的变化而变化，要容易适应、容易修改。

（六）多重保护原则

任何安全保护措施都不是绝对安全的，都可能被攻破。但是建立一个多重保护系统，各层保护相互补充，当一层保护被攻破时，其他层保护仍可保护信息的安全。

第二节 OSI/ISO7498-2 网络安全体系结构

网络安全对于保障网络的正常使用和运行起着重要作用，但是目前网络安全的研究还

不成熟，网络安全体系结构并不统一。到目前为止，只有 iso 提出了一个抽象的体系结构，它对网络安全系统的开发有一定的指导意义，现在的许多网络安全模型都是参照此来开发和研制的。

ISO 制定了国际标准 IS07498-2-989《信息处理系统开放系统互联基本参考模型第 2 部分安全体系结构》。该标准为开放系统互联（OSI）描述了基本参考模型，为协调开发现有的与未来的系统互联标准建立起了一个框架。其任务是提供安全服务与有关机制的一般描述，确定在参考模型内部可以提供这些服务与机制的位置。

在 ISO7498-2 中描述了开放系统互联安全的体系结构，提出设计安全的信息系统的基础架构中应该包含以下几点。

安全服务：可用的安全功能。

安全机制：安全机制的实现方法。

OSI 安全管理方式。

一、安全服务

安全服务主要包括以下内容：

（一）认证服务

提供对连接用户身份的鉴别而规定的一种服务，此服务防止伪造连接初始化攻击。认证服务可以分为对等实体认证和数据源认证两类。

（二）访问控制服务

防止未经授权的用户非法使用系统资源。

（三）数据保密服务

保护网络中各系统之间交换数据，防止因数据被截获而造成的泄密。保密性可以分为以下几类：连接保密，即对某个连接上的所有用户数据提供保密；无连接保密，即对一个无连接的数据报的所有用户数据提供保密；选择字段保密，即对一个协议数据单元中的用户数据的一些经选择的字段提供保密；信息流保密，即对可能从观察信息流就能推导出的信息提供保密。

（四）数据完整性服务

防止非法用户的主动攻击，保证接受方收到的信息与发送方发送的信息完全一致。数据完整性是数据本身的真实性证明。数据完整性有以下几种：有连接完整性：对传输中的数据流进行验证，保证发送信息和接受信息的一致性。有连接完整性通信中用 ARQ 技术解决，是一种线性累加和。在使用密码技术进行验证时，一般使用非线性单向函数求出鉴别码，称 MAC。无连接完整性：均用非线性单向函数求出 MAC，MAC 为数据完整性提供证据的同时，可作为改文件的代表码，供数字签名用。可恢复的连接完整性：该服务对一个连接上的所有用户数据的完整性提供保障，而且对任何服务数据单元的修改、插入、

删除或重放都可使之复原。无恢复的连接完整性：该服务除了不具备

恢复功能之外，其余同前。选择字段的连接完整性：该服务提供在连接上传送的选择字段的完整性，并能确定所选字段是否已被修改、插入、删除或重放。数据单元无连接完整性：该服务提供单个无连接的数据单元的完整性，能确定收到的数据单元是否已被修改。选择字段无连接完整性：该服务提供单个无连接数据单元中各个选择字段的完整性，能确定选择字段是否被修改。

（五）抗抵赖性服务

防止发送方发送数据后，否认自己发送过数据，或者接受方收到数据后，否认自己收到过数据。抗抵赖性服务可分为：源发方不可抵赖，这种服务向数据接收者提供数据源的证据，从而可防止发送者否认发送过这个数据；接受方不可抵赖，这种服务向数据发送者提供数据已交付给接收者的证据，因而接收者事后不能否认曾收到此数据。

二、安全机制

根据 ISO 提出的，安全机制是一种技术，一些软件或实施一个或更多安全服务的过程。iso 把机制分成特殊的和普遍的。一个特殊的安全机制是在同一时间只对一种安全服务上实施一种技术或软件。加密就是特殊安全机制的一个例子。尽管你可以通过使用加密来保护数据的保密性。数据的完整性和不可否定性，但实施在每种服务时你需要不同的加密技术。一般的安全机制都列出了同时实施一个或多个安全服务的执行过程。特殊安全机制和一般安全机制不同的另一个要素是一般安全机制不能应用到 osi 参考模型的任一层上。为支持安全服务，ISO7498-2 支持 8 种安全机制。

（一）加密机制

提供数据保护的常用方法，除了对话层不提供加密保护外，加密可在其他各层上进行。

（二）数字签名机制

解决网络通信中特有的安全问题的有效方法。特别是针对通信双方发生争执时可能产生的如下安全问题：

（1）否认。即发送者事后不承认自己发送过某份文件。

（2）伪造。接收者伪造一份文件，声称它发自发送者。

（3）冒充。网上的某个用户冒充另一个用户接收或发送信息。

（4）篡改。接收者对收到的信息进行部分篡改。

（三）数据完整性机制

数据完整性包括两种形式：一种是数据单元的完整性，另一种是数据单元序列的完整性。数据单元完整性包括两个过程，一个过程发生在发送实体，另一个过程发生在接收实体。保证数据完整性的一般方法是：发送实体在一个数据单元上加一个标记，这个标记是数据本身的函数，如一个分组校验或密码校验函数，它本身是经过加密的。接收实体是一

个对应的标记，并将所产生的标记与接收的标记相比较，以确定在传输过程中数据是否被修改过。数据单元序列的完整性是要求数据编号的连续性和时间标记的正确性，以防止假冒、丢失、重发、插入或修改数据。

（四）访问控制机制

访问控制是按事先确定的规则决定主体对客体的访问是否合法。当一个用户非法使用一个未经授权的资源时，该机制将拒绝这一企图，并向审计跟踪系统报告这一事件。审计跟踪系统将产生报警信号或形成部分追踪审计信息。

（五）数据交换机制

以交换信息的方式来确认实体身份的机制。用于数据交换的技术有：口令，由发方实体提供，收方实体检测；密码技术，将交换的数据加密，只有合法用户才能解密，得出有意义的明文。在许多情况下，这种技术与下列技术一起使用：时间标记和同步时钟双方或三方"握手"数字签名和公证机构；禾|用实体的特征或所有权。常采用的技术是指纹识别和身份卡等。

（六）业务流填充机制

这种机制主要是对抗非法者在线路上监听数据，并对其进行流量和流向分析。采用的方法，一般由保密装置在无信息传输时，连续发出伪随机序列，使得非法者不知哪些是有用信息，哪些是无用信息。

（七）路由控制机制

在一个大型网络中，从源节点到目的节点可能有多条线路，有些线路可能是安全的，而另一些线路是不安全的。路由控制机制可使信息发送者选择特殊的路由，以保证数据安全。

（八）公证机制。

一个大型网络中，有许多节点或端节点。在使用这个网络时，并不是所有用户都是诚实的、可信的，同时也可能由于系统故障等原因使信息丢失、迟到等，这很可能引起责任问题，为了解决这个问题，就需要有一个各方都信任的实体——公证机构，如同一个国家设立的公证机构一样，提供公证服务，仲裁出现的问题。一旦引入公证机制，通信双方进行数据通信时，必须经过公证机构来交换，以确保公证机构能得到必要的信息，供以后仲裁使用或参考。

安全服务和安全机制不是一一对应的，有的服务需要由多种机制提供，而有的机制可用于多种服务。

信息安全没有绝对的保证，风险可能随时产生，一个新的系统级的漏洞（通过 Internet 发布）会使所有采用该系统的用户立刻处于危险之中，如最近对网络造成严重破坏的"冲击波"病毒，就是利用了微软最新公布的漏洞。因此，建立适应性的安全机制是最大限度地提高网络安全的良好方法，选用功能强大，技术先进，性能完善的系列化网络安全产品，全方位地构建网络防护体系，使网络系统安全机制可以达到：安全防护——风险分析——系统监控——实时响应。

三、3OSI 参考模型

OSI 模型基于国际标准化组织 ISO 的建议，各层使用国际标准化协议。可理解为当数据从一个站点到达另一个站点的工作分割成 7 种不同的任务，而且这些任务都是按层次来管理。这一模型被称作 ISO/OSI 开放系统互联参考模型，因为它是关于如何把相互开放的系统连接起来的，所以常简称它为 osi 参考模型。其各层的主要功能是：

（一）物理层

物理层（Physical Layer）负责提供和维护物理线路，并检测处理争用冲突，提供端到端错误恢复和流控制。提供为建立维护和拆除物理链路所需的机械的、电气的 ? 功能的和规程的特性。物理层涉及到通信在信道上传输的原始比特流。

（二）数据链路层

数据链路层（Data Link Layer）主要任务是加强物理传输原始比特的功能。发送方把输入数据组成数据帧方式（典型的帧为几百或几千字节），按顺序传送各帧，并处理接收方送回的确认帧。

（三）网络层

网络层（Network Layer）确定分组从源端到目的端的"路由选择"。路由既可以选用网络中几乎保持不变的静态路由表，也可以在每一次会话开始时条件决定（例如，通过终端对话决定），还可以根据当前网络的负载状况，动态地为每一个分组决定路由。

（四）运输层

运输层（Transport Layer）基本功能是从会话层接收数据，必要时把它分成较小的单元传递，并确保到达对方的各段信息正确无误。这些任务都必须高效率地完成。从某种意义上讲，运输层使会话层不受硬件技术变化的影响。

（五）会话层

会话层（SessionLayer）进行高层通信控制，允许不同机器上的用户建立会话（session）关系。会话层允许进行类似运输层的普通数据传输，并提供对某些应用有用的增强服务会话，也可用于远程登录到分时系统或在两台机器之间的文件传递。会话层服务之一是管理对话，会话层允许信息同时双向传输，或只能单向传输。若属于后者，则类似于"单线铁路"，会话层会记录传输方向。一种与会话有关的服务是令牌管理。

（六）表示层

表示层（Presentation Layer）完成某些特定功能。例如，解决数据格式的转换。表示层关心的是所传输信息的语法和语义，而表示层以下各层只关心可靠地传输比特流。

（七）应用层

应用层（Application Layer）提供与用户应用有关的功能。包括网络浏览、电子邮件、不同类文件系统的文件传输、虚拟终端软件、过程作业输入、目录查询和其他各种通用和专用的功能等。

综上所述，以上 7 层的 1~4 层是低层，是面向通信的；而 5~7 层是高层，是面向信息处理的。除此之外，还可以看出：1~3 层是每台端系统（或主机）跟相邻的端系统（主机）直接相连，是链接式的；而 4~7 层是由多个 IMP（接口信息处理机）分隔开的原端系统和目的端相连的，是端点对端点的。

国际标准化组织 ISO 在开放系统互联标准中定义的不同的网络层次有不同的功能，例如链路层负责建立点到点通信，网络层负责路由，传输层负责建立端到端的进程通信信道。所以，相应地在网络各层需要提供不同的安全机制和安全服务。

在物理层要保证通信线路的可靠，不易被窃听。在链路层可以采用加密技术，保证通信的安全。在 Internet、Intranet 环境中，地域分布很广，物理层的安全难以保证，链路层的加密技术也不完全适用。在网络层，可以采用传统的防火墙技术，如 TCP 网络中，采用 IP 过滤功能的路由器，以控制信息在内外网络边界的流动。IP 过滤防火墙是已被广泛应用的、行之有效的 Internet 安全技术。但单纯防火墙技术有很大的局限性，主要是不能防止网络内部的不安全因素，它是基于网络主机地址，不能区分用户，是粗粒度的访问控制，无法针对具体文件进行控制。

在网络层还可使用 IP 加密传输信道技术 IPSEC，是在两个网络结点间建立透明的安全加密信道。这种技术对应用透明，提供主机对主机的安全服务。适用于在公共通信设施上建立虚拟的专用网。这种方法需要建立标准密钥管理，目前在产品兼容性和性能上尚存在较多问题。在传输层可以实现进程到进程的安全通信，如现在流行的安全套接字层 SSL 技术，是在两个通信结点间建立安全的 TCP 连接。这种技术实现了基于进程对进车女的安全服务和加密传输信道，采用公钥体系作身份认证，具有高的安全强度。但这种技术对应用层不透明，需要证书授权中心 CA，它本身不提供访问控制。

针对专门的应用，在应用层实施安全机制，对特定的应用是有效的，如基于 SMTP 电子邮件的安全增强型邮件 PEM 提供了安全服务的电子邮件。又如用于 Web 的安全增强型超文本传输协议 S—HTTP 提供了文件级的安全服务机制。由于它是针对特定应用的，缺乏通用性且需修改应用程序。

在安全的开放环境中，用户可以使用各种安全应用。安全应用由一些安全服务来实现，而安全服务又是由各种安全机制或安全技术来实现的，应当指出，同一安全机制有时也可以用于实现不同的安全服务。根据 ISO7498-2 安全架构三维图，ISO7498-2 把安全服务映射到了 OSI 的 7 层模型中。

四、安全管理方式和安全策略

安全管理不只是网络管理员日常从事的管理概念，而是在明确的安全策略指导下，依据国家或行业制定的安全标准和规范，由专门的安全管理员来实施。因此，网络安全管理的主要任务就是制定安全策略并贯彻实施。制定安全策略主要是依据国家标准，结合本单位的实际情况确定所需的安全等级，然后根据安全等级的要求确定安全技术措施和实施步骤。同时，制定有关人员的职责和网络使用的管理条例，并定期检查执行情况，对出现的安全问题进行记录和处理。

ISO7498 上制定了有关安全管理的机制，包括安全域的设置和管理、安全管理信息库、安全管理信息的通信、安全管理应用程序协议及安全机制与服务管理。安全管理的目的是确保网络资源不被非法使用，防止网络资源由于入侵者攻击而遭受破坏。其主要内容包括：与安全措施有关的信息分发（如密钥的分发和访问权设置等），与安全的通知（如网络有非法侵入、无权用户对特定信息的访问企图等），安全服务措施的创建、控制和删除，与安全有关的网络操作事件的记录、维护和查询日志管理工作等。一个完善的计算机网络管理系统必须制定网络管理的安全策略，并根据这一策略设计实现网络安全管理系统。

一、网络安全策略

网络安全策略是指在一个特定的环境里，为保证提供一定级别的安全保护所必须遵守的规则。实现网络安全，不但要靠先进的技术，而且还得靠严格的安全管理，法律约束和安全教育。

（一）先进的网络安全技术是网络安全的根本保证

用户对自身面临的威胁进行风险评估，决定其所需要的安全服务种类，选择相应的安全机制，然后集成先进的安全技术，形成一个全方位的安全系统。

（二）严格的安全管理

各计算机网络使用机构、企业和单位应建立相应的网络安全管理办法，加强内部管理，建立合适的网络安全管理系统，加强用户管理和授权管理，建立安全审计和跟踪体系，提高整体网络安全意识。

（三）制订严格的法律、法规

计算机网络是 - 种新生事物。它的好多行为无法可依，无章可循，导致网络上计算机犯罪处于无序状态。面对日趋严重的网络犯罪，必须建立与网络安全相关的法律、法规，使非法分子慑于法律，不敢轻举妄动。

二、网络安全策略分安全管理策略和安全技术实施策略两个方面

（一）管理策略

安全系统需要人来执行，即使是最好的、最值得信赖的系统安全措施，也不能完全由计算机系统来完全承担安全保证任务，因此必须建立完备的安全组织和管理制度。

（二）技术策略

技术策略要针对网络、操作系统、数据库、信息共享授权提出具体的措施。

三、计算机信息系统的安全管理主要基于3个原则

（一）多人负责原则

每项与安全有关的活动都必须有两人或多人在场。这些人应是系统主管领导指派的，应忠诚可靠，能胜任此项工作。

以下各项是与安全有关的活动。

（1）访问控制使用证件的发放与回收。

（2）信息处理系统使用的媒介发放与回收。

（3）处理保密信息。

（4）硬件和软件的维护。

（5）系统软件的设计、实现和修改。

（6）重要程序和数据的删除和销毁等。

（二）任期有限原则

一般地讲，任何人最好不要长期担任与安全有关的职务，以免误认为这个职务是专有的或永久性的。

（三）职责分离原则

系统主管领导批准，在信息处理系统工作的人员不要打听、了解或参与职责以外与安全有关的任何事情。

出于对安全的考虑，下面每组内的两项信息处理工作应当分开。

（1）计算机操作与计算机编程。

（2）机密资料的接收和传送。

（3）安全管理和系统管理。

（4）应用程序和系统程序的编制。

（5）访问证件的管理与其他工作。

（6）计算机操作与信息处理系统使用媒介的保管等。

（三）安全管理

如何来实现安全管理呢？信息系统的安全管理部门应根据管理原则和该系统处理数据的保密性，制订相应的管理制度或采用相应规范，其具体工作是：

（1）确定该系统的安全等级。

（2）根据确定的安全等级，确定安全管理的范围。

（3）制订相应的机房出入管理制度，对安全等级要求较高的系统，要实行分区控制，限制工作人员出入与己无关的区域。

（4）制订严格的操作规程，操作规程要根据职责分离和多人负责的原则，各负其责，不能超越自己的管辖范围。

（5）制订完备的系统维护制度，维护时要首先经主管部门批准，并有安全管理人员在场，故障原因、维护内容和维护前后的情况要详细记录。

（6）制订应急措施，要制订在紧急情况下，系统如何尽快恢复的应急措施，使损失减至最小。

（7）建立人员雇用和解聘制度，对工作调动和离职人员要及时调整相应的授权。

安全系统需要由人来计划和管理，任何系统安全设施也不能完全由计算机系统独立承担系统安全保障的任务。一方面，各级领导一定要高度重视并积极支持有关系统安全方面的各项措施。其次，对各级用户的培训也十分重要，只有当用户对网络安全性有了深入的了解后，才能降低网络信息系统的安全风险。

总之，制定系统安全策略、安装网络安全系统只是网络系统安全性实施的第一步，只有当各级组织机构均严格执行网络安全的各项规定，认真维护各自负责的分系统的网络安全性，才能保证整个系统网络的整体安全性。

五、存在的问题

ISO7498-2 网络安全体系结构虽然给出了网络安全体系结构的描述，但是这一体系结构只为安全通信环境提出了一个概念性框架，仍有待于进一步完善，主要表现为：

（1）ISO7498-2 只提供了开放系统环境下安全体系结构的一个概念性框架，只是定义了原则而不是实现的说明。

（2）只关注于开放系统之间的安全通信问题，未考虑终端系统、设备或组织内所附加的安全特色，也没有覆盖传输网络本身的安全需求。

（3）没有指出安全服务和安全机制怎样与系统其他部分交互，也没有给出各种安全服务之间的逻辑关系。

（4）只给出了一个协议的分层模型，没有把系统作为一个整体来考虑，而用户所关心的是整个系统所能提供的安全服务。

（5）网络安全性重要的一方面，许多拒绝服务攻击（DoS）就是针对系统的可用性所实施的，而且目前没有对付它的好的解决方法。

（6）基于 TCP/IP 的 Internet 安全体系结构应当比 OSI 安全系统结构更加局限、特定而非通用。

第三节 基于 TCP/IP 的网络安全体系结构

TCP/IP 协议（Transmission Control Protocol/Internet Protocol）是 20 世纪 70 年代中期美国国防部为 ARPANet 开发的网络体系结构和协议标准，并以它为基础组建了世界上规模最大的计算机互联网 Internet。

TCP/IP 虽然不是国际标准，但却是广大用户公认的"既成事实"的标准，而不是某个厂商专有的。TCP/IP 使用范围广泛，从个人计算机到巨型计算机，从局域网（如以太网、令牌环网、令牌总线网、剑桥环网等）到广域网，从政府部门（如美国国防部、国家航空航天局、能源部等）到大专院校、科学研究机构、工矿企业和金融商业等都采用 TCP/IP 体系结构并连入了 Internet。各电信通信网（如 X.25 公用数据网）、分组无线网、PC 机系列的 Novell 网以及网络数据库（如 Oracle）等也都提供了 TCP/IP 接口。

ISO/OSI 国际标准虽然能起到良好的规范和导向作用，但它的具体实施将受到新的政策、新的应用、计算机和通信领域的新技术及网络和站点增加等因素的制约，而且，实现遵循国际标准框架的高性能软件将需要相当长的时间来测试其一致性和检验实际的可靠运行。而 TCP/IP 已经多年实践检验，已相当成熟，建网机构和用户不会轻易放弃已在 TCP/IP 网上的巨额投资，ISO/OSI 在制定相应层次标准时，也主要参考了 TCP/IP 协议集。

一、TCP/IP 整体构架概述

TCP/IP 协议是一组包括 TCP 协议和 IP 协议，UDP（User Datagram Protocol）协议、ICMP（Internet Control Message Protocol）协议和其他一些协议的协议组。它并不完全符合 OSI 的 7 层参考模型，而采用了 4 层的层级结构，每一层都呼叫它的下一层所提供的网络来完成自己的需求。这 4 层分别为：

（一）网络接口层

有时也称作数据链路层或链路层，通常包括操作系统中的设备驱动程序和计算机中对应的网络接口卡。它们一起处理与电缆（或其他任何传输媒介）的物理接口细节。包括对实际的网络媒体的管理，定义如何使用实际网络（如 Ethernet、Serial Line 等）来传送数据。

（二）互联网络层

有时也称作网络层或 IP 层，负责提供基本的数据封包传送功能，让每一块数据包都能够到达目的主机（但不检查是否被正确接收），例如分组的路由选择。在 TCP/IP 协议组件中，网络层协议包括 IP 协议（网际协议），ICMP 协议（Internet 互联网控制报文协议），以及 IGMP 协议（Internet 组管理协议）。

（三）传输层

主要为两台主机上的应用程序提供端到端的通信。在 TCP/IP 协议组件中，有两个互不相同的传输协议：传输控制协议（TCP）、用户数据报协议（UDP）。TCP 和 UDP 给数据包加入传输数据并把它传输到下一层中，这一层负责传送数据，并且确定数据已被送达并接收。

（四）应用层

主要负责处理特定的应用程序细节。几乎各种不同的 TCP/IP 实现都会提供下面这些通用的应用程序，如简单电子邮件传输（SMTP）、文件传输协议（FTP）、网络远程访问协议（Telnet）等。

在 TCP/IP 参考模型中，网络（IP）层和传输（TCP）层起着承上启下、举足轻重的作用，各层协议所组成的 TCP/IP 协议簇中，这两层中的主要协议——传输控制协议 TCP 和互联协议 IP 占有极其重要的特殊地位，所以，把整个互联网的协议簇称为 TCP/IP 协议簇。

从这里可以看出，同 Internet 有关的 TCP/IP 协议和 OSI 网络标准协议之间有一定差别，这是由于 TCP/IP 的形成先于 OSI 标准协议，而协议是在 OSI 参考模型提出之后开发的。虽然 TCP/IP 协议表示了与 OSI 参考模型类似的网络体系结构，但 TCP/IP 协议不像 OSI 参考模型那样详细区分协议的上面几层。

由于 TCP/IP 协议表示了与 OSI 参考模型类似的网络体系结构，根据表 2-2 安全服务与 OSI 参考模型层次之间的关系可以得到安全服务与 TCP/IP 协议之间的关系。

二、TCP/IP 协议不同层次的安全性

网络自身网络协议的安全脆弱性是造成其不安全的根本原因之一，TCP/IP 协议是目前最流行的网络互联协议，是事实上的工业标准，TCP/IP 协议的安全性是影响 Internet 和基于 TCP/IP 的网络安全的一个重要因素。因此，对 TCP/IP 协议的安全性按网络协议层次进行详细的分析，指出各层的安全脆弱性以及存在和可能存在的相应攻击具有重要的现实意义。

TCP/IP 安全可用三个字来概括：不设防。由于 TCP/IP 协议在最初设计时是基于一种学术研究的可信环境，没有考虑安全性问题，因此协议自身没有提供安全功能，并且协议设计和实现中也存在着一些安全缺陷和漏洞，使得针对这些缺陷和漏洞出现了攻击，导致基于 TCP/IP 的网络十分不安全。

TCP/IP 协议安全问题存在的最重要的原因是，它们没有验证通信双方真实性的能力，缺乏有效的认证机制。在 TCP/IP 协议下，网络上任何一台计算机都可产生一个看起来是来自另外一个源点的消息。这主要是由于 TCP/IP 的安全和控制机制是依赖于 IP 地址的认证，然而一个数据包的源 IP 地址是很容易被伪造和篡改的。更糟的是网络控制特别是路由协议根本就没有认证机制。另一个主要缺点是 TCP/IP 协议没有能力保护网上数据的隐

私性，协议数据是明文传送的，缺乏保密机制，而且 TCP/IP 不能阻止网上用户对网络进行监听，因此就不能保证网上传输信息的机密性、完整性与真实性。这就使一个特定机器能够监视它所依附的网络上的所有业务流。此外，协议自身设计的某些细节和实现中的一些安全漏洞，也引发了各种安全攻击，如在 TCP/IP 协议簇的路由协议中，IP 数据包为测试目的设置了一个源路由选项 IPSource Routing，该选项可以直接指明到达节点的路由，攻击者可以利用这个选项绕过某些特定的防火墙来进行攻击。由于 TCP 序列号可以预测，因此攻击者可以构造一个 TCP 包序列，对网络中的某个可信节点进行攻击。这些缺陷渗透到了上层的应用服务也就造成了上层协议服务的不安全性。

（一）TCP/IP 的安全脆弱性大致可归结为以下 3 点。

（1）没有验证通信双方真实性的能力，缺乏有效的认证机制。

（2）没有保护网上数据隐私性的能力，缺乏保密机制。

（3）协议自身设计细节和实现中存在一些安全漏洞，能引发各种安全攻击。

针对 TCP/IP 协议的安全现状，国际上已经认识到开发安全的网络协议的重要性和必要性，并成立了专门的组织机构来研究与开发 TCP/IP 网络安全协议。根据 TCP/IP 的不同层次提供不同的安全性，例如，在网络层提供虚拟私用网络，在传输层提供安全套接服务。下面将分别介绍 TCP/IP 不同层次的安全服务和各层已有的安全协议及其安全性分析。

（二）网络接口层的安全性

网络接口层主要处理通信介质的细节问题。此层相关的攻击是网络监听或嗅探（Sniffing）以及硬件地址欺骗（Hardware Address Spoofing）。

TCP/IP 协议数据流采用明文传输，TCP/IP 协议不能阻止网上客户捕获数据，因此数据信息在网上传送时很容易被在线窃听、篡改和伪造，特别是由于在使用 FTP、TELNET、rlogin 等时，协议所要求提供的用户账号和口令也是明文传输，所以攻击者可通过使用 Sniffer，Snoop 等监控程序或网络分析仪等其他方式来截获网上传送的含有用户账号和口令的数据包，此外通过 Sniffing 还可以获得如 IP 地址和 TCP 端口号、序列号等协议信息。通过这些信息的收集，攻击者就可利用它们进行其他形式的攻击。

提高网络接口层的安全性的方法主要采用认证与保密，已有的安全协议如下：口令认证协议（PAP），挑战握手认证协议（CHAP），Shiva 口令认证协议（SPAP），扩展认证协议（EAP），微软的挑战 / 响应握手认证协议（MS-CHAP），微软的点对点加密协议（MS-MP 吞 E）。

（三）网络层安全协议

网络层的主要缺陷是缺乏有效的安全认证和保密机制。其中最主要的因素就是 IP 地址问题。TCP/IP 协议是用 IP 地址来作为网络节点的唯一标识，许多 TCP/IP 服务，包括 Berkeley 的"r"命令，NFS，XWindow 等都是基于 IP 地址来对用户进行认证和授权的。当前 TCP/IP 网络的安全机制主要是基于 IP 地址的包过滤（Packet Filtering）和认证（Authentication）技术，它们的正确有效性依赖于 IP 包的源 IP 地址的真实性。然而 IP 地址存在许多问题，协议最大缺点就是缺乏对 IP 地址的保护，缺乏对 IP 包中源 IP 地址真实性的认证机制与保密机制。这也是引起整个 TCP/IP 协议不安全的根本所在。

网络层安全性的主要优点是它的透明性，也就是说，安全服务的提供不需要应用程序、其他通信层次和网络部件做任何改动。它的最主要缺点是 Internet 层一般对属于不同进程和相应条例的包不作区别。对所有去往同一地址的包，它将按照同样的加密密钥和访问控制策略来处理。这可能导致提供不了所需的功能，也会导致性能下降。针对面向主机的密钥分配的这些问题，RFC1825 允许（甚至可以说是推荐）使用面向用户的密钥分配，其中不同的连接会得到不同的加密密钥。但是，面向用户的密钥分配需要对相应的操作系统内核做比较大的改动。

简而言之，网络层是非常适合提供基于主机对主机的安全服务的。相应的安全协议可以用来在 Internet 上建立安全的 IP 通道和虚拟私有网。例如，利用它对 IP 包的加密和解密功能，可以简捷地强化防火墙系统的防卫能力。事实上，许多厂商已经这样做了。RSA 数据安全公司已经发起了一个倡议，来推进多家防火墙和 TCP/IP 软件厂商联合开发虚拟私有网。该倡议被称为 S-WAN（安全广域网）倡议。其目标是制订和推荐 Internet 层的安全协议标准。由于网络层是实现全面安全的最低层次，网络层安全协议可以提供 ISO 安全体系结构中所定义的所有安全服务，已有的安全协议如下：

1. 前期安全协议

NSA/NIST 的安全协议 3（SP3）。

ISO 的网络层安全协议（NLSP）。

NIST 的完整 NLSP（I-NLSP）。

Swipe。

2. Internet 工程特遣组（IETF）的 IPSecWG 的 IP 安全协议（IPSP）

认证头（AH）。

封装安全有效负载（ESP）。

Internet 密钥交换协议（IKE）。

3. Internet 工程特遣组（IETF）的 IPSecWG 的 Internet 密钥管理协议（IKMP）

标准密钥管理协议（MKNP）。

IP 协议的简单密钥管理（SKIP）

Photuris 密钥管理协议。

安全密钥交换机制（SKEME）。

Internet 安全关联和密钥管理协议（1SAKMP）。

OAKLEY 密钥决定协议。

4. 隧道协议

点对点隧道协议（PPTP）。

第 2 层隧道协议（L2TP）。

第 2 层转发协议（L2F）。

5. 其他安全协议

保密 IP 封装协议（CIPE）。

通用路由封装协议（GRE）。

包过滤信息协议（PFIP）。

（四）传输层（TCP/IP）安全协议

由于 TCP/UDP 是基于 IP 协议之上的，TCP 分段和 UDP 数据报是封装在 IP 包中在网上传输的，它们也同样面临 IP 层所遇到的安全威胁，另外还有针对 TCP/UDP 协议设计和实现中的缺陷实行的攻击。

1. TCP 存在的主要安全问题

针对 TCP 连接建立时"三次握手"机制的攻击，未加密的 TCP 连接被欺骗、被劫取、被操纵。TCP 存在的主要攻击有：TCPSYN 淹没攻击，TCP 序列号攻击，TCP 会话截取攻击（TCP Session Hijacking），TCP 连接不同步状态攻击，SYNSniping 攻击，TCP 端口扫描。

2. UDP 存在的主要安全问题

由于 UDP 是无连接的，更易受 IP 源路由和拒绝服务攻击，如 UDP 诊断端口拒绝服务攻击和 UDP Echo Loop Flooding 攻击。

前面已介绍网络层安全机制的主要优点是它的透明性，即安全服务的提供不要求应用层做任何改变。这对传输层来说是做不到的。原则上，任何 TCP/IP 应用，只要应用传输层安全协议，比如说 SSL 或 PCT，就必定要进行若干修改以增加相应的功能，并使用稍微不同的 IPC 界面。于是，传输层安全机制的主要缺点就是要对传输层 IPC 界面和应用程序两端都进行修改。可是，比起 Internet 层和应用层的安全机制来，这里的修改还是相当小的。另一个缺点是，基于 UDP 的通信很难在传输层建立起安全机制来。同网络层安全机制相比，传输层安全机制的主要优点是它提供基于进程对进程的（而不是主机对主机的）安全服务。这一成就如果再加上应用级的安全服务，就可以再向前跨越一大步了。传输层可以实现进程到进程的安全通信，已有的安全协议如下

（1）前期协议。

NSA/NIST 的安全协议 4（SP4）。

ISO 的 TLSP。

（2）安全 SHELL（SSH）。

SSH 传输层协议。

SSH 认证协议。

（3）安全套接字层（SSL）。

SSL 记录协议。

SSL 握手协议。

（4）私有通信技术（PCT）。

（5）Internet 工程特遣组（IEIF）的传输层安全协议（TLSP）。

（6）SOCKSv5。

4.应用层安全协议

由于它是基于底下各层基础之上的，下层的安全缺陷就会导致应用层的安全崩溃。此外，各应用层协议层自身也存在许多安全问题，如 Telnet、FTP、SMTP 等应用协议缺乏认证和保密措施。

主要有以下几方面的问题。

（1）Finger。可被用来获得一个指定主机上的所有用户的详细信息（如用户注册名、电话号码、最后注册时间等），给入侵者进行破译口令和网络刺探提供了极有用的信息和工具。此外，还有 Finger 炸弹拒绝服务攻击。

（2）FTP。FTP 存在着致命的安全缺陷，FTP 使用标准的用户名和口令作为身份鉴定，缺乏对用户身份的安全认证机制和有效的访问权限控制机制；匿名 FTP（anonymousFTP）可使任何用户连接到一远程主机并从其上下载几乎所有类型的信息而不需要口令；FTP 连接的用户名和口令以及数据信息是明文传输的；FTP 服务器中可能含有特洛伊木马。

（3）Telnet。用户可通过远程登录 Telnet 服务来与一个远程主机相连。它允许虚拟终端服务，允许客户和服务器以多种形式会话。入侵者可通过 Telnet 来隐藏其踪迹，窃取 Telnet 服务器上的机密信息，而且，同 FTP 一样 Telnet 应用中信息包括口令都是明文传输的 ^Telnet 缺乏用户到主机的认证；Telnet 不提供会话完整性检查；Telnet 会话未被加密，其中用户 ID 和口令能被窃听、Telnet 会话能被劫取等。

（4）HTTP。HTTP 未提供任何加密机制，因此第三方可窥视客户和服务器之间的通信；HTTP 是无态协议，它在用户方不存储信息，因此它无法验证用户的身份；HTTP 协议不提供对会话的认证。

（5）E-mail。主要问题有伪造 E-mail；利用有效 E-mail 地址进行冒名顶替；E-mail 中含有病毒；利用 E-mail 对网络系统进行攻击，如 E-mail 炸弹；Sendmail 存在很多安全问题；绝大多数 E-mail 邮件都不具有认证或保密功能，使得正在网上传输的 E-mail 很容易被截获阅读、被伪造。

（6）0DNS。域名系统（Domain Name System）提供主机名到 IP 地址的映射和与远程系统的互联功能。此外，DNS 中还包含有关站点的宝贵信息如，机器名和地址，组织的结构等。除验证问题，攻击 DNS 还可导致拒绝服务和口令收集等攻击。DNS 对黑客是脆弱的，黑客可以利用 DNS 中的安全弱点获得通向 Internet 上任何系统的连接。一个攻击者如果能成功地控制或伪装一个 DNS 服务器，他就能重新路由业务流来颠覆安全保护。DNS 协议缺乏加密验证机制，易发生 DNS 欺骗、DNS 高速缓存污染（DNS Cache Poisoning）和"中间人"攻击。

（7）SNMP。SNMPvl 不具备安全功能，它不使用验证或使用明文可重用口令来验证和认证信息，因此对 SNMP 业务流侦听，进而实现对 SNMP 数据的非法访问是容易的。一旦攻击者访问了 SNMP 数据库，则可以实现多方面的攻击。如黑客可以通过 SNMP 查阅非安全路由器的路由表，从而了解目标机构网络拓扑的内部细节。SNMPv2c 以及过渡性的 SNMPv2u 和 SNMPv2* 虽然具有了一定的安全功能，但是还都存在着一些问题，SN-MPv3 虽然集成了先前版本的优点，具有了较强的安全性，但是还具有安全弱点，如所采用的 DES-CBC 加密的安全性不强。

网络层（传输层）的安全协议允许为主机（进程）之间的数据通道增加安全属性。本质上，这意味着真正的（或许再加上机密的）数据通道还是建立在主机（或进程）之间，但却不可能区分在同一通道上传输的一个具体文件的安全性要求。比如说，如果一个主机与另一个主机之间建立起一条安全的 IP 通道，那么所有在这条通道上传输的 IP 包就都要自动地被加密。同样，如果一个进程和另一个进程之间通过传输层安全协议建立起了一条安全的数据通道，那么两个进程间传输的所有消息就都要自动地被加密。如果确实想要区分一个具体文件的不同的安全性要求，那就必须借助于应用层的安全性。提供应用层的安全服务实际上是最灵活的处理单个文件安全性的手段。例如，一个电子邮件系统可能需要对要发出的信件的个别段落实施数据签名，较低层的协议提供的安全功能一般不会知道任何要发出的信件的段落结构，从而不可能知道该对哪一部分进行签名，只有应用层是唯一能够提供这种安全服务的层次。

应用层安全协议包括安全增强的应用协议（已经正式存在的或安全的新协议）和认证与密钥分发系统。

（1）安全增强的应用协议。

远程终端访问（Telnet）。

安全 RPC 认证（SRA）。

NATAS。安全 Telnet(STEL)。

（2）电子邮件（SMTP）。保密增强邮件（PEM）。

PGP。

安全 MIME(S/MIME)。

MIME 对象安全服务（MOSS）» 消息安全协议（MSP）。

APOP。

Gnu 保密防护（GnuPG）。

（3）WWW 事务（HTTP）。使用 SSL/TLS。

安全 HTTP(S-HTTP)。GSS-API 方法。

PGP-CCI 方法。

（4）域名系统（DNS）。安全 DNS(SecureDNS)。RFC2065 域名系统安全扩展。

（5）文件传输（FTP）。RFC2228FTP 安全扩展。

（6）其他应用。

5.网络管理：简单网络管理协议（SNMPv2、SNMPv3）

文件系统：保密文件系统（CFS）,Andrew 文件系统（AFS）。

6.电子支付方案

（1）电子货币（Electronic Cash）。Ecash(Digicash），CAFE(EuropeanR&DProject），Net Cash(ISI/USC），Mondex（ UK）,Cyber Cash。

（2）电子支票（Electronic Checks）。PayNow(Cyber Cash），NteCheque(ISI/USC）。

（3）信用卡支付（Credit Card Payment）。iKP(i-Key-Protocol），安全电子支付协议（SEPP），安全交易技术（STT），安全电子交易（SET）。

（4）微支付（Micropayments）。Millicent, Pay Wordand MicroMint, CyberCoin，NetBill。认证和密钥分配系统: Kerberos, 远程认证拨入用户服务(RADIUS），网络安全程序(NetSP），SPX(DEC），TESS(Univ.of Karlsruhe），SESAME,DCE(Open Group）。其他安全协议: S/KEY, 加密控制协议（ECP）,TACACS/TACACS+FWZ 密钥管理协议，X.509 数字证书，证书登记协议（CeP），在线证书状态协议（OCSP），内容引向协议（UFP）,URL 过滤协议，可疑行为监控协议（SAMP）。

7.典型的安全协议:

（1）Kerberos: 基于可信第三方的鉴别认证协议模型。

（2）IPSec 安全协议: IPSec 是指 IETF 以 RFC 形式公布的一组安全 IP 协议集，是在 IP 包括为 IP 信息提供保护的安全协议标准，其基本目的就是把密码学的安全机制引入 IP 协议中，通过使用现代密码学方法支持保密和认证服务，使用户能有选择地使用，并得到所期望的安全服务。

（3）虚拟专用网 VPN(Virtual Private Networks）: 建立在实在网路（或称物理网路）基础上的一种功能性网路，或者说是一种专用网的组网方式，简称 VPN。它向使用者提供一般专用网所具有的功能，但本身却不是一个独立的物理网路；也可以说虚拟专用网是一种逻辑上的专用网络。"虚拟"表明它在构成上有别于实在的物理网路，但对使用者来说，在功能上则与实在的专用网完全相同。

（4）0SSL 协议: SSL 协议的主要目的就是在通信双方提供保密性和可靠性。协议由两层组成: SSL 记录协议，该协议在 TCP 之上，是用来封装各个更高层协议的；SSL 握手协议，该协议在应用层协议传送或接受第一字节数据之前，允许服务器和客户端进行相互认证并且协商加密算法和密钥。

SSL 的优点：它独立于应用层，是在传输层和应用层之间实现加密传输的应用最广泛的协议。

SSL 协议提供的安全链接具有三个基本特征。

参连接是秘密的在初始化握手定义加密密钥之后，使用对称加密算法加密要传送的数

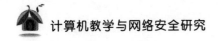

据（如 DES、RC4 等）。

对等实体的身份认证使用非对称或公钥加密算法（如 RSA、DSS 等）。

连接是可靠的。信息的传输包括使用信息认证代码 MAC 来检查信息的完整性。而安全的哈希函数（如 SHA、MD5 等）用来计算 MAC。

第四节　4IPDRRR 安全模型

传统上，人们认为信息安全就是保障信息的机密性。随着信息技术的发展与应用，信息安全的内涵在不断延伸，从最初的信息保密发展到信息的机密性、完整性、可用性、可控性和不可否认性。对信息系统提出了"保护（Protect）、检测（Detect）、反应（Response）、恢复（Recover）"的保障安全的策略，即所谓的 PDRR 原则。它涵盖了对现代信息系统的安全防护的各个方面，构成了一个完整的体系，使信息安全建筑在一个更加坚实的基础之上。

一、PDRR 模型

PDRR 模型（Protection、Detection、Reaction、Recovery）的具体内容如下：

（1）保护是指传统安全概念的继承，包括信息加密技术、访问控制技术等，采用可能采取的手段保障信息的保密性、完整性、可用性、可控性和不可否认性。

（2）检测是指从监视、分析、审计信息网络活动的角度，发现对于信息网络的攻击破坏活动，提供预警、实时响应、事后分析和系统恢复等方面的支持，使安全防护从单纯的被动防护演进到积极的主动防御，利用高级技术提供的工具，检查系统存在的可能提供黑客攻击、白领犯罪、病毒泛滥脆弱性。

（3）反应是指在遭遇攻击和紧急事件时及时采取措施，包括系统的安全措施、跟踪攻击源和保护性关闭服务和主机等。对危及安全的事件、行为、过程及时做出反应处理，杜绝危害的进一步蔓延扩大，力求系统尚能提供正常服务。

（4）恢复是指评估系统受到的危害与损失，恢复系统功能和数据，启动备份系统等一旦系统遭到破坏，尽快恢复系统功能，尽早提供正常的服务。

二、计算机信息系统安全生命周期模型——IPDRRR

在 PDRR 模型的基础之上，本着"充分准备、积极防护、及时发现、快速反映、确保恢复、回顾改进"的原则，提出了一个新的计算机信息系统安全生命周期模型——IPDRRR（Inspection，Protection，Detection，Reaction，Recovery，Reflection）模型。

（1）充分检查（Inspection）。确定资源清单，进行安全分类；进行风险分析、威胁评估，识别系统安全脆弱性；进行安全需求分析，制定安全策略。

（2）积极防护（Protection）。包括实施原则、策略、过程与实现等方面的全面的安全防护。系统安全体系结构的构建，安全技术、安全机制的采用，安全设备、安全产品的选型，以及安全方案的实现。

（3）入侵方式、检测方式的收集与分类。

（4）快速反应（Reaction）。依据入侵响应计划，对突发事件进行快速反应，如断开网络连接、服务降级使用、记录攻击过程、分析与跟踪攻击源等。

（5）确保恢复（Recovery）。找出攻击所使用的系统漏洞，修复弱点，尽快地从备份处理恢复数据和系统服务。

（6）反省改进（Reflection）。事故后处理、技术与管理响应、系统安全改进与增强。

（7）安全管理（Management）。依据安全策略、安全标准对系统进行安全管理，保障整个系统的安全、正常运行。

由于 IPDRRR 模型考虑了计算机信息系统安全的各个方面的因素，能够较全面的涵盖安全问题的各个方面，在实际的网络安全方案设计与实施中，如能正确遵循与实现，将是一个极佳的网络安全解决方案，能够更好地保障网络系统的安全性。

第五节 网络安全解决方案防范建议

一个完整的网络安全解决方案所考虑的问题应当是非常全面的。保证网络安全需要靠一些安全技术，但是最重要的还是要有详细的安全策略和良好的内部管理。

在确立网络安全的目标和策略之后，还要确定实施网络安全所应付出的代价，然后选择确实可行的技术方案，方案实施完成之后最重要的是要加强管理，制定培训计划和网络安全管理措施。完整的安全解决方案应该覆盖网络的各个层次，并且与安全管理相结合。

（一）物理层的安全防护

在物理层上主要通过制定物理层面的管理规范和措施来提供安全解决方案。

（二）链接层安全保护

主要是链路加密设备对数据加密保护。它对所有用户数据一起加密，用户数据通过通信线路送到另一节点后解密

（三）网络层安全防护

网络层的安全防护是面向 IP 包的。网络层主要采用防火墙作为安全防护手段，实现初级的安全防护。在网络层也可以根据一些安全协议实施加密保护。在网络层也可实施相应的入侵检测。

（四）传输层的安全防护

传输层处于通信子网和资源子网之间，起着承上启下的作用。传输层也支持以下多种安全服务。

（1）对等实体认证服务。

（2）访问控制服务。

（3）数据保密服务。

（4）数据完整性服务。

（5）数据源点认证服务。

（五）应用层的安全防护

应用层的安全防护原则上讲，所有安全服务均可在应用层提供。在应用层可以实施强大的基于用户的身份认证。在应用层也是实施数据加密，访问控制的理想位置。在应用层还可加强数据的备份和恢复措施。应用层可以是对资源的有效性进行控制，资源包括各种数据和服务。应用层的安全防护是面向用户和应用程序的，因此可以实施细粒度的安全控制。

要建立一个安全的内部网，一个完整的解决方案必须从多方面入手：加强主机本身的安全，减少漏洞；用系统漏洞检测软件定期对网络内部系统进行扫描分析，找出可能存在的安全隐患；建立完善的访问控制措施，安装防火墙，加强授权管理和认证；在线监控非法入侵和异常行为，实时报警和切断非法行为；加强数据备份和恢复措施；对敏感的设备和数据要建立隔离措施；对在公共网络上传输的敏感数据要加密；加强内部网的整体防病毒措施，建立详细的安全审计日志等。

第九章　操作系统的安全机制

操作系统是计算机中最基本、最重要的软件。同一计算机可以安装几种不同的操作系统。操作系统的安全性对计算机系统及信息系统起着非常重要的作用。但各种操作系统都或多或少地存在安全漏洞，这给用户带来了安全威胁，所以操作系统的安全问题不容忽视。

第一节　操作系统安全概述

一、操作系统的安全控制

操作系统的安全控制方法主要有隔离控制和访问控制。

（一）隔离控制

隔离控制的方法主要有以下几种：

（1）物理隔离。例如，把不同的打印机分配给不同安全级别的用户。

（2）时间隔离。例如，以不同安全级别的程序在不同的时间使用计算机。

（3）加密隔离。例如，把文件、数据加密，使无关人员无法阅读。

（4）逻辑隔离。例如，把各个进程的运行限制在一定的空间，使得相互之间不感到其他进程或程序的存在。

（二）访问控制

操作系统的安全控制最核心的问题是访问控制。访问控制是确定谁能访问系统，能访问系统的何种资源，以及在何种程度上使用这些资源。访问控制就是对系统各种资源的存取控制，它既包括对设备（如内存、虚拟存储器或磁盘等外存储器）的存取控制，也包括对文件、数据的存取控制。

（1）访问控制策略是根据系统安全保密需求及实际可能而提出的一系列安全控制方法和策略，如"最小特权"策略，即用户仅有获得保证其完成自己的工作所需要的数据、信息的特权，而得不到任何与其工作无关的数据、信息。访问控制策略有多种，最常用的是对用户进行授权，即授予用户不同的特权，如只读或执行，或允许修改等。给予不同特权的用户所能访问的设备、文件或数据是不同的。参访问控制机构则是系统具体实施访问控制策略的硬件、软件或固件。

（2）访问控制的基本任务。

授权：即规定系统可以给哪些主体（Subject）访问何种客体（Object）的特权。

主体指的是人、进程或设备，它可以使信息在客体间流动。所以，对文件进行操作的用户是一种主体，用户调度并运行的某个作业也是一种主体。

客体是一种信息实体，不受所依存的系统的限制。它可以是记录、数据块、存储页、存储段、文件、目录、目录树、信息和程序等，也可以是位、字节、字、域、处理器、通信线路或网络节点等。

按对用户的授权，一般可将用户分成四种等级：超级用户、系统用户、普通用户和低级用户。在这四种特权等级中，超级用户权力最大，低级用户权力最小。

确定访问权限：即规定以读或写，或执行，或增加，或删除的方式进行访问。

实施访问控制的权限：即规定可以在何种程度上使用系统的这些资源。

访问控制的基础是主体和客体的安全属性。每个客体都有一组安全属性，并以此鉴别客体和确定客体所允许的访问权。

（3）访问控制方式。

从访问控制方式来说，访问控制可以分为如下 4 种。

自主访问控制：自主访问控制（Discretionary Access Control，DAC）是一种普遍采用的访问控制手段。它使用户可以按自己的意愿对系统参数作适当修改，以决定哪些用户可以访问他们的系统资源。这里的"自主"，即资源的所有者可以决定对资源的访问权，而且这种访问权可以按"工作需要"的原则动态地转让或收回。它往往用以限制数据在同一密级或同部分内未经许可的流动。自主访问控制有多种方法，如权力表、口令、访问控制表等。

强制访问控制：强制访问控制（Mandatory Access Control，MAC）是一种强有力的访问控制手段。它使用户与文件都有一个固定的安全属性，系统利用安全属性来决定一个用户是否可以访问某种资源。这种访问控制方式也叫指定型访问控制方式，它对用户和资源按密级和部门进行划分，对访问的类型也按读、写等划分。所谓"指定"，就是对资源的访问权不是由资源的所有者来决定，而是由系统的安全管理者来决定，往往用以限制数据从高密级流向低密级，从一个部门流向另一个部门。

有限型访问控制：它将用户和资源进一步区分，只有授权的用户才能访问指定的资源。

共享/独占型访问控制：它把资源分成"共享"和"独占"两种。"共享"可以使资源为所有用户使用，"独占"只能被资源所有者使用。

（4）访问控制的主要内容。

用户身份识别是访问控制的重要内容，通过它鉴别合法用户和非法用户，从而有效地阻止非法用户访问系统。其口令字验证实现简单，理论上也比较可靠，但由于口令字验证在实现时需要人为的配合，所以常常使安全性受到一定的影响，这是设计和实现时需要注意的。为此，应注意以下几点。

二、存储器的保护

对于一个操作系统的安全来说，存储器的保护是一个最基本的要求。在一个单用户系统中，某时刻系统内存中只运行一个用户进程，这时的存储器保护只需要防止用户进程不影响系统的运行就可以了，但在一个多任务系统中，还需要隔离各进程的内存区。

要对存储器进行保护，即对存储单元的内容进行保护，首先要对存储单元的地址进行保护，使非法用户不能访问那些受到保护的存储单元；其次要对被保护的存储单元提供各种类型的保护。最基本的保护类型是"读/写"和"只读"。所谓"只读"，就是规定用户只能对那些被保护的存储单元中的内容进行读取，而不能进行其他操作。复杂一些的保护类型还包括"只执行"、"不能存取"等操作。不能存取的存储单元，若被用户存取时，系统要及时发出警报或中断程序执行。

当计算机执行某用户程序时，CPU 首先对存放在指令寄存器中的指令进行解释，确定所需要的存储单元是否位于分配给这个用户的存储区域，同时检查这条指令所执行的操作是否与相应存储区的保护类型一致，只有这两个条件都满足了，这条指令才能被执行，否则这条指令就是不合法的，将引起程序中断。操作系统对内存的保护主要采用逻辑隔离方法。具体方法有：界地址存储器保护法、内存标志法、锁保护法、特征位保护法等。

三、操作系统的安全模型

把安全性作为系统设计目标的安全操作系统，首先要说明系统的安全方针，即每一个可能的用户对于特定的资源对象应该具有什么样的访问权限。安全模型是用形式语言或自然语言描述的，精确说明系统安全需要的模型，它是安全方针的体现和实施。体现和实施安全策略的安全模型应该是精确的、无歧义的；应当是简易的和抽象的，容易理解，容易实现，也容易验证的；应当只涉及系统的安全性质，而不需要模拟系统的其他功能。

操作系统常用的安全模型有 4 种：访问监控模型、"格"模型、Bell-LaPadula 模型、Bibe 模型。

（一）访问监控模型

它是最简单的安全模型，它是一种单级模型，是体现有限型访问控制的模型。它对每一个主体 - 客体对，只作"可"或是"否"的访问判定。这种模型论证比较脆弱，它所表达的安全需求没有特别详尽的说明。

（二）"格"模型

这是一种多级模型。该模型将用户（主体）和信息（客体）进一步按密级和类别划分。密级是一个从低到高的系列，如公开级、秘密级、机密级和绝密级。类别是根据工作部门或工作项目划分的一个范围，如中国、外国、军事工业、民用工业、核武器、常规武器等。这些类别可以互不相干，也可以相互交错、重叠或包含。访问控制根据"工作需要，给予最低权限"的原则，只有当主体的密级等于或高于客体，主体的类别等于或包含客体时，主体才能访问客体。

（三）Bell-LaPadula 模型

它也是一种多级模型，它是保证保密性基于信息流控制的模型。这种模型的访问控制遵循"简单安全性原则"和"星原则"两条原则。前者是指主体的保密性访问级别支配客体的保密性访问级别，即主体只能读密级等于或低于它的客体，也就是说主体只能从下读，而不能从上读。后者是指客体的访问级别支配主体的访问级别，也就

是说主体只能写密级等于或高于它的客体，主体只能向上写，而不能向下写。

（四）Bibe 模型

这是一种保证信息流完整性的控制模型，它把主体和客体按类似密级那样的完整级进行分类。完整级是一个从低到高的序列，其访问控制遵循两条原则，即"简单完整性"和"完整性"。前者是指主体的完整性访问级别支配客体的完整性级别，也就是说，主体只能写（修改）完整性级别等于或低于它的客体，即主体只能向下写，而不能向上写。后者是指客体的完整性访问级别支配主体的完整性级别，即主体只能从上读，而不能从下读。

四、安全操作系统的设计原则

（一）操作系统一般都应该具有基本的安全功能，主要包括：

（1）对用户标识和验证。

（2）对内存的保护。

（3）对文件和 I/O 设备的访问控制。

（4）对共享资源的分配控制。

（5）保证系统可用性，防止某用户对系统资源的独占。

（6）协调多进程间的通信、同步并发控制，防止系统死锁。

所谓"安全操作系统设计"，就是指安全性必须在操作系统的各个部分予以考虑，安全性必须在操作系统开发的初期就予以考虑。

（二）安全系统设计的一般原则为：

（1）最小权限原则。赋予主体完成工作所必需的最小权限，减少不必要的损害。

（2）完整性原则。对所有保护对象的每次访问都必须接受检查。

（3）经济性原则。采用最简单、最直接的手段，对系统进行全面、充分的检查和验证；另外，安全措施的代价应该小于被保护对象的价值。

（4）公开性原则。系统的安全性不能建立在对系统某些技术保密的基础上，而应让这些技术经受充分的检验。

（5）权限分离原则。理想的访问权应取决于两个以上条件的同时满足。

（6）最小共同性原则。用物理或逻辑上的隔离来减少共享可能造成的危害。

（7）易用性原则。系统人机接口的安全措施必须简单易用。

（8）默认安全原则。未经说明或权限不明的访问作为不允许访问处理。

第二节　WindowsNT 系统安全机制

一、WindowsNT 的安全概述

WindowsNT 操作系统在其设计的初期就把网络连接、安全和审核报告作为操作系统的核心功能之一。可以说，WindowsNT 操作系统就是建立在一套完整的安全机制上的，因而任何一个机构，在使用 WindowsNT 前都必须指定它们的安全策略。这些策略要详细说明该机构对访问控制、信息保护及审核的要求。用户可以用 WindowsNT 来配置网络，使信息能够按需要知道的部门和用户群来分类并控制"外来者"的访问。同时，WindowsNT 操作系统还使用户能够将网络和有组织的资源当作对象组来进行管理，并改善访问控制和身份确认的安全措施。只有企业的安全策略和 WindowsNT 操作系统的底层的安全机制有机地结合起来，才能充分发挥 WindowsNT 的各项安全特性。

WindowsNT 的资源管理完全由经过授权的管理员来进行。系统管理员可以根据这些资源对用户的使用权限进行定义，并且可以从网上任何站点远程登录进行管理。从系统管理员的角度来看，WindowsNT 提供了极为方便的系统管理工具来帮助管理员对系统进行管理和维护。

（一）系统管理员可以控制部分用户有访问网络资源的权力

这些资源包括文件、目录、服务器、打印机和应用软件。权限是定义在每个资源上的，可以从任何一个地点集中管理。

（二）系统管理员可以对用户账户进行集中管理

管理员可通过易用的图形工具指定组成员、登录时间、账户期限和其他用户账户参数等。

（三）系统管理人员还可以审计所有与安全有关的事件，如用户访问文件、目录、打印机和其他资源以及登录尝试等。

如果用户登录失败的次数超过指定数，系统可以将用户账户锁定。管理员可以强制密码使用期限，设置复杂性规则，强制用户使用不易被破译的密码。

从用户角度看，WindowsNT 的安全性是完整而又易用的。用户只需经过简单的密码登录过程就可以访问所有已经授权的网络资源，这个过程中对用户是不可见的。而用户对外可以定义自己所拥有资源的访问权限。

WindowsNT 服务器允许经过授权的进程访问数据，而不管这些数据是在内存中还是在硬盘上，WindowsNT 都可以保护它们不受非法进程的访问。为了获得一个安全的系统

环境，有效的信息安全要求把安全策略与系统固有的安全和审计特性有机地结合起来。这种组合可以保护系统免受恶意的或无意的损害，防止数据损坏或丢失。

（四）这个安全策略是以下面的安全标准作为基础的

1. 身份确认和验证过程

通过登录程序确认用户的有效身份，并据此验证用户是否具有访问系统的权限。

2. 访问控制

为用户设置权限和许可权，以控制用户对网络资源和文件的访问。

3. 账号和审计

跟踪并记录与网上特殊用户相关的活动。

4. 对象重用

允许多个用户访问同一系统资源。

5. 可信性与准确性

系统和资源无错误和缺损，即保证它们可信可用。而准确性可以保证资源不发生错误、不崩溃及不被外来者侵犯。

6. 数据交换

保证数据在网络中安全发送传输。

在 WindowsNT 服务器上实现的是 C2 级安全标准，仅仅是建立在软件基础上的。为了得到一个符合 C2 级安全标准的系统设置，用户必须做到：

（1）拥有对系统的非网络访问。

（2）去除或禁止使用软盘驱动器。

（3）更加严格地控制对标准文件系统的访问。

在 WindowsNT 中，最重要的 C2 级安全标准特性是①可自由决定的访问控制（DAC）。系统管理员和用户定义自己所有的对象的访问控制。②禁止对象重用。当内存被一个程序释放后，不再允许对它进行读访问。当对象被删除后，即使对象所在的磁盘空间已经重新进行了分配，也不再允许用户对对象再一次进行访问。

7. 身份确认和验证

在系统进行任何访问之前，用户必须首先确定自己的身份。用户可以通过输入用户名、口令和域组合来完成对自己身份的确认。

8. 审核

必须创建并维护用户对对象的访问记录，并防止他人对此记录进行修改。必须严格地规定只有指定的管理员才能访问审核信息。

WindowsNT 的安全模型影响着整个 WindowsNT 操作系统。由于对对象的访问必须经过一个核心区域的验证，因此没有得到正确授权的申请者和用户是不能访问对象的。

WindowsNT 的安全模型由以下几个部分组成。

本地安全权威（LSA）、安全账户管理器（SAM）安全参考监视器（SRM）。

除了上述组成部分外，WindowsNT 还包括登录入网处理、访问控制和对象安全服务等。这些部分构成了 WindowsNT 网络和操作系统安全的基础，通常称为安全子系统。这种子系统是一种完整的层次，因为它影响了整个操作系统。它们的相互作用和集成构成了安全模型。

WindowsNT 系统的安全子系统是安全机制的基础和核心，控制系统安全的各方面，可为 WindowsNT 服务器操作系统和局域网提供安全管理，以及在企业级网络范围内实现和管理这些功能。在局域网级 WindowsNT 的安全体系，基于域、用户和组的概念，限制用户对网络资源的访问。

安全性在 WindowsNT 最初的设计规格书中就已包括并渗透在整个操作系统中。在用户能对 WindowsNT 任意资源访问前，它们必须首先登录并被 WindowsNT 所确认，并在工作站和服务器层次都要求有确定工作。获得最初级的资源保护并不要求和 WindowsNT 服务器连接，WindowsNT 能提供这种本地安全性，是因为每台计算机都要依靠 WindowsNT 服务器的账户和安全策略数据库的副本。这一安全机制包括：控制谁能够访问哪些对象（如文件和共享打印机），决定某人针对某一对象做什么和什么事件被审计。

WindowsNT 服务器集中式的域和安全管理特性，使它成为大多数公司提供客户机／服务器计算的可取方案。在点到点的体系中使用 WindowsNT 工作站并不是客户机／服务器值得推荐的选择，因为安全性和工作关系的管理会变得不可控制。

二、WindowsNT 的登录机制

WindowsNT 要求每个用户提供唯一的用户名和口令登录到计算机上，这种强制性登录过程不能关闭。强制性登录和使用"Ctrl+Alt+Dd"组合键启动登录过程的好处是：强制性登录过程用以确认用户身份是否合法、从而确定用户对系统资源的访问权限。

在强制性登录期间，挂起对用户模式程序的访问，这样可以防止有人创建或者偷窃用户账号和口令的应用程序。例如，入侵者可能会仿制一个 WindowsNT 的登录界面，然后让用户进行登录，从而获得用户名和相应的密码。它使用"Ctrl+Alt+Del"组合键会造成用户程序被终止，而真正的登录程序可以由"Ctrl+Alt+Del"组合键启动。这是 NT 操作系统能够阻止这种欺骗行为的原因。

强制登录过程允许用户具有单独的配置，包括桌面和网络连接。这些配置在用户登录后自动调出，退出时自动保存。这样，多个用户可以使用同一台机器，并且仍然具有它们自己的专有设置。用户的配置文件可以存放在域控制器上，这样用户在域中任何一台计算机上登录都会具有相同的界面和网络连接设置。

成功的登录过程有以下 4 个步骤。

（1）WindowsNT 的 Winlogin 过程弹出一个对话框，要求输入一个用户名和口令。这些信息被传递给安全性账户管理程序。

（2）安全性账户管理程序查询安全性账户数据库，以确定指定的用户名和口令是否属于授权的系统用户。

（3）如果访问是授权的，安全性系统构造一个存取令牌，并将它传回到 WindowsNT 的 Winlogin 过程。

（4）Winlogin 调用 WindowsNT 的子系统，为用户创建一个新的进程，把存取令牌传递给子系统，WindowsNT 各子系统对新创建的过程连接此令牌。

WindowsNT 的登录上网程序为用户的身份确认提供了必要的信息，因而不能被忽略。在访问系统的任何资源之前，用户首先必须登录，让网络的安全系统验证用户的姓名和口令。

为了防止申请者以后台模式访问系统（如特洛伊木马登录程序），WindowsNT 登录时将首先显示一个表示欢迎的信息框，并要求用户在开始真正的登录前同时按下"Ctrl+Alt+Del"组合键，以激活登录窗口。当用户企图在没有获得授权的情况下访问系统时，应该显示一条登录标语，也就是所谓的警告标语。

三、WindowsNT 的访问控制机制

根据需菱选择的存取控制，使资源拥有者可以控制谁能存取他们的资源以及能存取到什么程度。通过对程序控制列表（Access Control List,ACL）的控制，能确定授予用户和组的存取权限。系统资源包括系统本身、文件、u目录和打印机等网络共享资源以及其他对象。

WindowsNT 服务器提供控制资源的存取项的工具。对资源的灵活具体的存取控制能作用于特定的用户、多个用户、用户组、无人或者所有人。它们能由资源拥有者、系统管理账户的用户或者任何被授权控制系统上资源的用户来设定。

在安全系统上用唯一名字标识一个注册用户，它可以用来标识一个用户或一组用户。它和 UNIX 的用户标识号相同，安全性标识符是用于系统内部的，在存取令牌和 ACL 内使用。与 UNIX 中的用户标识不同的是，SID 不是一个两个字节的整数，而是一长串数字。一个 SID 数值用于代表一个用户的 SID 值在以后应永远不会被另一个用户使用。所有的 SID 用一个用户信息、时间、日期和域信息的结合体来创建。用 SID 标识用户的结果是在同一个计算机上，可以多次创建相同的用户账户名，而每一个账户名都有一个唯一的 SID。例如，用"王林"建立一个账户，然后删除这个账号，并为"王林"建立一个新的账号。即使两次的用户名相同，新账户和老账户也不会有相同的可以访问的资源。每次用户登录到系统上时，便生成了用户的存取令牌，并且在登录后不再更新。所以如果用户想获得另一个账户的存取权限，它们就必须退出系统并重新以另一个账户进行登录。UNIX 在这方面要比 WindowsNT 具有更大的方便性，用户可以在登录后将自己的身份改变成另一个账户的身份，如 Root 账户的身份。

正如在前面"登录过程"中提到的，安全存取标识包含一个特定用户的信息。当用户初始化一个进程时，存取标识的一个副本就被永久地附于这个进程。在登录过程中，创建

和使用存取标识是非常重要的。当与用户联系的进程和其他用户试图存取一个对象时，保存在该用户存取标识中的 SID 和它所属组的列表与该对象的存取控制列表作比较，如果对象的 ACL 包括对该用户的许可或用户所在组的许可，用户便可以存取该对象。

四、WindowsNT 的用户账户管理

用户账户可以是某一服务器上的本地账户，也可以在域用户账户范围内创建。不管怎么说，只要记住账户的类型是由 WindowsNT 服务器的身份决定的就行了。WindowsNT 服务器可以是服务器，也可以是域控制器。服务器负责维护它自己的安全账户数据库（SAM），而域控制器则与其他服务器共享 SAM。这意味着服务器拥有本地版的 SAM，而主域控制器（PDC）就可能复制到域中的备份域控制器（BDC）上的 SAM 版本。

不管是什么类型的账户，都可以设置不同的属性。这些属性决定了用户与网络系统交互操作的方式，大致包括：用户可以改变它的口令、本地型账户和全局账户、指定用户的主目录、把用户分配到默次组。

用户账户的属性可以在用户账户创建时具体规定，而且以后任何时候都可以修改。用户账户可以通过在 SAM 数据库中添加一个新账户来创建，也可以在 SAM 数据库中拷贝已经存在的账户的属性来创建。那些从其他非 WindowsNT 系统转来的用户账户信息，也可以用 WindowsNT4.0 提供的移植工具来增加。

第三节 UNIX/LINUX 系统安全机制

UNIX 是目前 Internet 上最常用的主机操作系统，它的功能强大，结构清晰灵活，并具有很高的安全等级，目前流行的几种 UNIX 系统都达到了 C2 级安全标准，有的甚至达到了 B2 级。它被大量地应用在当前的几种本地网网管系统中。很多 WWW 服务器和 FTP 服务器都用的是 UNIX 操作系统。UNIX 操作系统在开机自检之后，机器会提示用户输入账号和密码，若没有账户和密码是不能使用该计算机的。有些系统提供更高级别的身份认证，这比单纯的账号和密码验证要更为先进。

一、UNIX 的登录机制

UNIX 系统是一个可供多个用户同时使用的多用户、多任务、分时的操作系统，任何一个想使用 UNIX 系统的用户，必须先向该系统的管理员申请一个账号，然后才能使用该系统。该账号就是用户作为一个系统的合法用户的"身份证"。

有了一个账号后，还需要一个终端，这样才可以登录到系统中。但为了防止非法用户盗用别人的账号使用系统，对每一个账号还必须有一个只有合法用户才知道的口令。在登录时，借助于账号和口令就可以把非法用户拒之门外，但这种方法对于那些狡猾的黑客有可能不起作用。

这种安全性是基于这样的一个假设：用户的口令是安全的，但在实际应用中用户的账号有可能在网上被劫持，被密码字典强行破解或被人泄露。如果其中任何一种情况发生，那么这种安全系统将彻底失效。

新的 UNIX 系统为了防止这一防线被突破，采取了许多强制性的措施。例如，规定口令的长度不得少于若干个字符（一般是 6 个或 5 个）；口令不能是一个普通单词或其变形；口令中必须含有某些特殊字符；经过一段时间后必须更改口令等。这些措施只是减少密码被猜中的可能性，并不能解决根本性问题，关键还是在于用户是否能够很好地对口令进行保密。

假如用户的密码被盗用，用户怎么才能知道这一点呢？如果数据文件被修改或删除了，用户当然可以发现，但若入侵者只是偷看了一些机密文件，那么用户怎样才知道呢？为了防止这些问题的出现，绝大多数 UNIX 系统在用户登录成功或不成功时都会记下这次登录操作，在下次登录时将把这一情况告诉用户，例如：

LastLogin : SunSep214:30onconsole

如果用户发现和实际情况不符合，例如在消息所说的那段时间并没有登录在机器上，或者在消息中的时间里用户并没有登录失败而消息却说登录失败，这就说明有人盗用了机器的账号，这时用户应立刻更改口令，否则将会受到更大损害。

但即使提供了这种辅助方法，很多用户尤其初学者或安全意识不强的用户不会去注意这个消息，也不会去刻意记下自己上次登录的情况。所以若要增强一个系统的安全，管理员应对自己的用户进行安全意识培训。如果忽略了人为的因素，即使系统再安全，整个系统安全也会因一个用户的失误而付之东流。

当用户从网络上或控制台上试图登录到系统上时，系统会显示一些关于系统的信息，如系统的版本信息等，然后系统会提示用户输入账号。当用户输入账号时，所输的账号会显示在终端上，之后系统提示用户输入密码，用户所键入的密码不会显示在终端上，这是为防止被人偷看到。若用户从控制台登录，则系统控制登录的进程会用密码文件来核实用户，若用户是合法的，则该进程就会变成一个 Shell 进程，这时用户就可以输入各种命令了，否则显示登录失败，再重复上面的登录过程。系统也可以设置成这样，如果用户三次登录都失败，则系统自动锁定，不让用户再继续登录，这也是 UNIX 防止入侵者野蛮闯入的一种方式。若用户是从网络上登录的，则账号和密码可能会被人劫持，因为很多系统的账号和密码在网上是以明文的形式传输的。除此之外，远程登录和控制台登录区别不大。

除了通过控制台和网络访问 UNIX 主机系统外，UNIX 还支持匿名的 UUCP 访问，它和 WindowsNT 系统中的远程访问服务 RAS 相似,UUCP 是一种 UNIX 环境下的拨号访问方式，这种访问方式存在着很大的争论。

为了加强拨号访问的安全性，则要通过一台支持身份验证的服务器来提供访问。在这种方式下，用户必须由终端服务器证实为合法的，才能被允许访问系统。因为没有口令文件可以从服务器上窃得，所以攻击终端服务器就变得更加困难。

UNIX 账号文件 /etc/passwd 是登录验证的关键，这个文件包含着所有用户的信息，如用户的登录名、口令、用户标识等信息。这个文件的拥有者是根用户（Root），只有根用户才有写的权力，而一般用户只有读的权力。

（一）登录名称

这个名称是在 Login: 后输入的名称，在同一系统中应该是唯一的，其长度一般不超过 8 个字符。

登录名称中可以有数字和字母，其中字母应是小写，否则大写的登录名称会使系统认为所有的终端只能处理大写字母，这样它会把所有的输入和输出均转化为大写。

在网络环境下，管理员应让同一个人在不同机器上的登录名称相同，这样不仅使用户操作方便，不用记录那么多登录名称，而且管理员也容易进行管理。

如果系统中提供了电子邮件服务，那么注意不要把用户的登录名和某个系统的邮件别名相重，否则新加入的用户将永远也不能收到邮件，因为发给他的邮件会发给那个名字相同的其他用户。

（二）口令

口令对于一个系统的安全性是至关重要的，事实上只有用户的口令才是真正使用系统的"通行证"。因为普通用户对 /etc/pswd 文件只有读的权力，所以口令这一项是以加密的形式存放的，以防止他人盗用用户的口令。在 BSD 系统中，加密的口令就放在 /etc/passwd 的第二个域，在 SVR4 系统中，则引入了一个专门的文件 /etc/shadow，而 /etc/passwd 中的第二个位置处就是一个 X。/etc/passwd 对于普通用户是可读的，而 /etc/shadow 只是对 Root 用户是可读的，这样就加强了口令文件的安全性。

（三）用户标识号

在系统的外部，系统用一个登录名标识一个用户，但在系统内部处理用户的访问权限时，系统用的是用户标识号。这个用户标识号是一个整数。在用户的进程表中有一项就是用户标识号，这样就可以表明哪个用户拥有这个进程，根据用户的权限来限制这个进程的使用。

一个系统的用户分为两大类：一类是管理性用户，另一类则是普通用户。系统中的管理型用户是生成系统时自动加入的，随着系统不同，这些用户的数量、名称以及为之匹配的标识号也不尽相同。这类用户负责的是系统某一方面的管理工作，用 bin 账号是大多数系统命令文件的拥有者，而用 sys 账号则是 /dev/kmem、/dev/mem 和 /dev/swap 这些有关系统进程存储空间的文件的拥有者。在这类用户中有一个极为特殊的用户 Root，其用户标识号为 0，他拥有整个系统中最高权力，可进行任何操作，如加载文件系统、改动系统时间、关闭机器等操作，而这些操作对于一般用户来说是不允许的。

普通用户是在系统生成后由管理员加入到系统当中去的，这类用户的标识号一般从 10 开始向上分配，在系统的内部，用户标识号占用两个字节，因此最大用户标识号应该是 32767。

标识号和登录名是不一样的，在一个系统中可以让几个用户具有相同的用户标识号，这样从系统内部来看这些用户都是同一个用户，但在登录时却要使用不同的名称和口令。

（四）组标识

在第四个域中记录的是用户所在组的组标识号，将用户分组是 UNIX 系统对权限进行管理的一种方式。例如，要给一些用户某种访问权限，则可以对一个组进行权限分配，这样会带来很大的方便。每一个用户应该属于某一个组，早期的系统中一个用户只能属于某一个组，而后来的 BSD 系统中，一个用户则可以同时属于多达 8 个用户组。

组的名称、组标识和其他信息放在另一个系统文件 /etc/group 中，与用户标识号一样，组标识号也是一个 0~32767 之间的整数。

（五）GCOS 域

这个域用于记录用户本人的一些情况，如用户的名称、电话和地址等。之所以被称为 GCOS 域是因为：当初，在 AT&TBell 实验室内，在从运行 UNIX 系统的机器向运行 GCOS 操作系统的主机提交批作业时，要用该域记录一些注册到 GCOS 系统中所需的信息。后来 UNIX 系统的能力逐渐增强，此域的这种作用也就消失了。

总的来说，在不同的 UNIX 系统中，GCOS 域的作用并没有统一，不同的系统可能会有不同的约定。例如，在 BSD 系统中，一般约定该域由用户办公室号及办公楼和家里的电话号码这些信息构成，而在其他的许多系统中，则不允许管理员在这一段加任何描述性文字。

（六）用户起始目标

这个域用来指定一个用户的 Home 目录，当用户登录到系统当中，他就会处在这个目录下。

在大多数系统中，管理人员将在某个特定的目录中建立各个用户的主目录。用户主目录的名称，一般是这个用户的登录名。各用户对自己的主目录拥有读、写和执行的权力，其他用户对该目录的访问则可以根据具体情况来加以设置。

如果在 /etc/passwd 文件中没有指定用户的起始目录，则在用户向系统中登录时，系统将会提示：

nohomedirectory

这时有些系统可能会拒绝用户登录到系统中，有些则允许，这时用户的起始目录将是根目录。

（七）注册的 Shell

UNIX 系统中有很多的 Shell 程序，如 /bin/sh(BourneShell)，/bin/csh(CShell) 和 /bin/ksh(KohlShell) 等程序，每种 Shell 都具有各自不同的特点，但其基本的功能是相同的。Shell 是一种能够读取输入命令并设法执行这些命令的特殊程序，它是大多数用户进程的父进程。

许多系统允许用户改变其 Shell, 如在 SunOS 或 BSD 系统中可以使用 Chsh(Change-Shell)。当然在登录成功后, 在提示符后输入 Shell 的命令名称也是可以的, 例如, 如果用户的注册 Shell 是 BourneShell, 但用户希望使用 CShell, 则可以输入:

/bin/csh

这样 Shell 解释程度就改变为 CShell, 但要注意, CShell 是原 Shell 程序的一个子进程, 原 Shell 进程仍然存在着。当用户退出 CShell 时, 控制数会交给原 Shell 程序而不会从系统当中退出。只有用户退出最后一个 Shell 程序后, 用户才会退出系统。如果用户不注意就离开机器, 极有可能有人会趁机破坏。

二、UNIX 系统的口令安全

口令是访问控制的简单而有效的方法, 只要口令保持机密, 非授权用户就无法使用该账户。尽管如此, 由于它只是一个字符串, 一旦被别人知道了, 口令就不能提供任何安全了。因此, 系统口令的维护是至关重要的, 不只是管理员一个人的事情, 系统管理员和普通用户都有义务保护好口令。

(一) 安全口令的选择

口令的选择是至关重要的, 口令如果选择得好, 就不容易被黑客猜到, 选择一个有效的口令就是成功了一半。通过警告、消息和广播, 管理员可以告诉用户什么样的口令是最有效的口令。另外, 依靠系统中的安全系统, 系统管理员能对用户的口令进行强制性修改, 设置口令的长度, 甚至防止用户使用太容易猜测的口令或一直使用同一个口令。

什么是"有效"的口令呢? 它是短还是长, 容易还是难理解, 并且可以用什么窍门和技术创建最有效的口令。最有效的口令是用户很容易记住但"黑客"很难猜测或破解的。考虑一个 8 个随机字符的各种组合大约有 3X1012 种之多, 就算是借助于计算机进行尝试也要花几年的时间, 但一个容易猜测的口令很容易被密码字典所破解。

好的口令应遵循以下的规则:

(1) 选择长的口令, 口令越长, 黑客猜中的概率就越低。大多数系统接受 5 ~ 8 个字符串长度的口令, 还有一些系统允许更长的口令, 长口令可以增加安全性。

(2) 最好的口令包括英文字母和数字的组合。

(3) 不要使用英语单词, 因为很多人喜欢使用英文单词作为口令, 口令字典收集了大量的口令, 有意义的英语单词在口令字典出现的概率比较大。有效的口令是那些自己知道但不广为人所知的首字母缩写组成的。入侵者经常使用 Finger 或 Rusei 命令来发现系统上的账号名然后猜对应的口令。如果入侵者可以读取 passwd 文件, 他们会将口令文件传输到另外的机器上并用"猜口令程序"来破解口令。这些程序要使用庞大的词典搜索, 而且运行速度很快——即使在速度很慢的机器上。对于口令不加任何防范的系统, 这种程序可以很容易地猜出几个用户口令。

（4）用户若可以访问多个系统，则不要使用相同的口令。这样，如果一个系统出了问题则另一个系统也就不安全了。

（5）不要使用名字，自己的名字，家人的名字，宠物的名字等。这样的口令最便于记忆，但入侵者最先尝试的常常也是这些口令。

（6）别选择记不住的口令，这样用户可能会把它放在什么地方，如计算机周围、记事本上或者某个文件中，从而引起安全问题。

（7）使用 UNIX 安全程序，如 passwd+ 和 npasswd 程序来测试口令的安全性，passwd+ 是一个分析口令的应用程序，它合并了一个不允许使用简单口令的检查系统。

（二）口令生命期和控制

用户应该定期改变自己的口令，例如一个月换一次。如果口令被盗就会引起安全问题，经常更换口令可以帮助减少损失。假设，一个人偷了用户的口令，但并没有被发觉，这样给用户造成的损失是无法估计的。假如一个星期更换一次口令就会比一直保留原有口令损失要小。在一些系统中，如 UNIX 系统，管理员可以为口令设定生命期（password Aging），这样当口令生命期到后，系统就会强制用户更改系统密码。另外，有些系统会将用户以前的口令记录下来，不允许用户使用以前的口令而要求用户输入一个新的口令，这样就增强了系统的安全性。

在 UNIX 中，口令文件的第二项可以插入一个控制信息，该控制信息可以定义用户在修改口令之前必须经过的最小时间间隔和口令有效期满之前可以经历的最大时间间隔。

口令生命期控制信息保存在 /etc/passwd 或 /etc/shadow 文件当中，它位于口令的后面，通常用逗号分开，它的表示方式通常是以打印字符的形式出现，并表示下述信息。

口令有效的最大周数。

用户可以再次改变其口令必须经过的最小周数。

口令最近的改变时间。

当用户每次注册时，系统就会检查该口令的生命期是否到了，若到期则强迫用户更改密码。通过使用其他值的组合就可以强迫用户在下次登录时更改密码，也可以禁止用户更改密码，因为此文件只有管理员才有写的权力，所以这些都可以由管理员进行管理。

三、UNIX 系统文件访问控制

UNIX 系统的资源访问控制是基于文件的。在 UNIX 当中各种硬件设备、端口设备甚至内存都是以文件形式存在的，虽然这些文件和普通磁盘文件在实现上不同，但它们向上提供的界面却是相同的，这样就带来了 UNIX 系统资源访问控制实现的方便性。

为了维护系统的安全性，系统中每一个文件都具有一定的访问权限，只有具有这种访问权限的用户才能访问该文件；否则系统将给出 Permission Denied 的错误信息。使用 ls

命令，并且加上一个选项 -1，可以查看文件的访问权限。

这个目录清单包含了很多的信息，有文件类型、文件属性、文件大小、时间和日期等基本的信息，另外还有文件访问许可权。第一个命令共有 10 个字母，第一个字母代表文件的类型，剩下的 9 个字母定义了所有用户对该文件的访问权限。这 9 个字符分为三组，第一组的三个字符描述文件拥有者的访问权限，第二组描述文件拥有者所在组的访问权限，第三组描述剩下的其他用户对该文件的访问权限。在每一组中，第一个字符表示是否授予读的权力，若授予读的权力，则字符是 r，否则是第二个字符表示写的权力，如果授予写的权力，则字符是 w，否则是第三个字符表示执行的权力，表示方式和前面一样，x 字符代表被给予执行的权力。

下面分别就 3 类用户作一些简要说明。

（一）用户本人

用户自己对自己的文件一般具有读、写和执行的权限，但有时用户为了防止自己对某个文件的不经意的破坏，也可能会将此文件设成自己不可写的。

（二）用户所在组的用户

一般地，系统中每一个用户将会属于某一个用户组。在传统的 Unix 中，一个用户只能属于一个组。在新的 BSD 系统中，一个用户可以同时属于 8 个用户组。对于文件所属组中的每个用户，他们对文件可以有读、写或执行权限中的一个或多个，也可以什么权限也没有，这取决于文件拥有者和超级用户的设置。

（三）除上面两种用户外的其他用户

其他用户要对用户有任何类型的访问权，这可以由文件拥有者和超级用户来决定。

超级用户（Root）对任何文件可以进行任何操作，他具有一个系统中最高的权力，安全检查和其他的一些控制对 Root 账户不是强制性的。这也是安全机制潜在的威胁，所以管理员一定要保护好 Root 用户的密码。

Root 用户和文件拥有者可以用 Chmod 命令来改变文件的访问属性，如增加、去除、更改许可权，UNIX 用户可以用一个 4 位八进制数字和 Chmod 改变文件的许可权。

第四节　常见服务的安全机制

常见服务的安全机制主要有：加密机制、访问控制机制、数据完整性机制、数字签名机制、交换鉴别机制、公证机制、流量填充机制和路由控制机制。

一、加密机制

加密是提供信息保密的核心方法。按照密钥的类型不同，加密算法可分为对称密钥算法和非对称密钥算法两种。按照密码体制的不同，又可以分为序列密码算法和分组密码算法两种。加密算法除了提供信息的保密性之外，它和其他技术结合（例如 hash 函数）还能提供信息的完整性。

加密技术不仅应用于数据通信和存储，也应用于程序的运行，通过对程序的运行实行加密保护，可以防止软件被非法复制，防止软件的安全机制被破坏，这就是软件加密技术。

二、访问控制机制

访问控制可以防止未经授权的用户非法使用系统资源，这种服务不仅可以提供给单个用户，也可以提供给用户组的所有用户。访问控制是通过对访问者的有关信息进行检查来限制或禁止访问者使用资源的技术，分为高层访问控制和低层访问控制。高层访问控制包括身份检查和权限确认，是通过对用户口令、用户权限、资源属性的检查和对比来实现的。低层访问控制是通过对通信协议中的某些特征信息的识别和判断，来禁止或允许用户访问的措施。如在路由器上设置过滤规则进行数据包过滤就属于低层访问控制。

三、数据完整性机制

数据完整性包括数据单元的完整性和数据序列的完整性两个方面。

数据单元的完整性是指组成一个单元的一段数据不被破坏和增删篡改，通常是把包括有数字签名的文件用 hash 函数产生一个标记，接收者在收到文件后也用相同的 hash 函数处理一遍、检查产生的标记是否相同就可知道数据是否完整。

数据序列的完整 fe 是指发出的数据分割为按序列号编排的许多单元，在接收时还能按原来的序列把数据串联起来，而不会发生数据单元的丢失、重复、乱序、假冒等情况。

四、数字签名机制

数字签名机制主要可以解决以下安全问题。

（一）否认。

事后发送者不承认文件是他发送的。

（二）伪造

有人自己伪造了一份文件，却声称是某人发送的。

（三）冒充

冒充别人的身份在网上发送文件。

（四）篡改

接收者私自篡改文件的内容。

数字签名机制具有可证实性、不可否认性、不可伪造性和不可重用性。

五、交换鉴别机制

交换鉴别机制是通过互相交换信息的方式来确定彼此的身份。用于交换鉴别的技术有：

（一）口令

由发送方给出自己的口令，以证明自己的身份，接收方则根据口令来判断对方的身份。

（二）密码技术

发送方和接收方各自掌握的密钥是成对的。接收方在收到已加密的信息时，通过自己掌握的密钥解密，能够确定信息的发送者是掌握了另一个密钥的那个人。在许多情况下，密码技术还和时间标记、同步时钟、双方或多方握手协议、数字签名、第三方公证等相结合，以提供更加完善的身份鉴别。

（三）特征实物

例如 IC 卡、指纹、声音频谱等。

六、公证机制

为了避免事后说不清，以找一个大家都信任的公证机构，各方交换的信息都通过公证机构来中转。公证机构从中转的信息里提取必要的证据，日后一旦发生纠纷，就可以据此做出仲裁。

七、流量填充机制

流量填充机制提供针对流量分析的保护。外部攻击者有时能够根据数据交换的出现、消失、数量或频率而提取出有用信息，数据交换量的突然改变也可能泄露有用信息。例如，当公司开始出售它在股票市场上的份额时，在消息公开以前的准备阶段中，公司可能与银行有大量通信。因此，对购买该股票感兴趣的人就可以密切关注公司与银行之间的数据流量，以了解是否可以购买。

流量填充机制能够保持流量基本恒定，因此观测者不能获取任何信息。流量填充的实现方法是随机生成数据并对其加密，再通过网络发送。

八、路由控制机制

按照路由控制机制可以指定通过网络发送数据的路径。这样，可以选择那些可信的网络节点，从而确保数据不会暴露在安全攻击之下。而且，如果数据进入某个没有正确安全标志的专用网络时，网络管理员可以选择拒绝该数据包。

参考文献

[1] 陈卫卫等 . 计算机基础教程第 2 版 [M]. 北京：机械工业出版社，2011.

[2] 成昊 . 新概念 0ffice2010 三合一教程 [M]. 北京：科学出版社，2011.

[3] 安永丽 .Office 办公专家 2010 从入门到精通 [M]. 北京：中国青年出版社，2010.

[4] 马震 .Flash 动画制作案例教程 [M]. 北京：人民邮电出版社：2009.

[5] 金水涛 . 多媒体技术应用教程 [M]. 北京：清华大学出版社，2009.

[6] 许华虎 . 多媒体应用系统技术 [M]. 北京：机械工业出版社，2008.

[7] 陈宏朝 .ACCS 数据实用教程 [M]. 北京：清华大学出版社，2010.

[8] 程旭，巨泽建等 .WindowsXP 中文版 [M]. 北京：清华大学出版社，2001.

[9] 彭澎 . 计算机网络基本原理 [M]. 武汉：华中理工大学出版社，2000.

[10] 赵子江 . 多媒体技术应用教程第 6 版 [M]. 北京：机械工业出版社，2009.

[11] 谢希仁 . 计算机网络第 5 版 [M]. 北京：电子工业出版社，2008.